矿区生态环境评估及修复规划研究

樊艳平 著

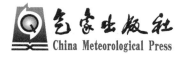

气象出版社
China Meteorological Press

内 容 简 介

我国的矿产资源带来巨大经济效益的同时,在矿山开采过程中也产生了一系列极其严重的环境问题。本书对近年来国内外矿山生态修复现状进行深入了解,以太原市西铭矿为例,对矿区生态环境评估及修复规划进行深入研究,主要包括矿山生态修复研究现状及主要理论基础,矿区基础条件,矿山生产及资源情况,矿山环境影响评估,矿山环境影响预测评估,矿山环境保护与恢复治理目标、任务及年度计划,矿山生态修复治理,保障措施与效益分析。该书可为从事资源与环境生产、管理人员以及为其他矿区生态修复提供一定的参考。

图书在版编目（ＣＩＰ）数据

矿区生态环境评估及修复规划研究 / 樊艳平著. --
北京：气象出版社，2021.12
　　ISBN 978-7-5029-7618-7

　　Ⅰ．①矿… Ⅱ．①樊… Ⅲ．①矿区－生态环境－评估
－中国②矿区－生态恢复－研究－中国 Ⅳ．①X322.2

中国版本图书馆CIP数据核字(2021)第249411号

Kuangqu Shengtai Huanjing Pinggu ji Xiufu Guihua Yanjiu

矿区生态环境评估及修复规划研究

出版发行：气象出版社	
地　　址：北京市海淀区中关村南大街 46 号	**邮政编码**：100081
电　　话：010 - 68407112（总编室）　010 - 68408042（发行部）	
网　　址：http：// www.qxcbs.com	E-mail：qxcbs@ cma.gov.cn
责任编辑：蔺学东　王　聪	**终　　审**：吴晓鹏
责任校对：张硕杰	**责任技编**：赵相宁
封面设计：艺点设计	
印　　刷：北京中石油彩色印刷有限责任公司	
开　　本：787mm × 1092mm 1/16	**印　　张**：9.25
字　　数：230 千字	
版　　次：2021 年 12 月第 1 版	**印　　次**：2021 年 12 月第 1 次印刷
定　　价：60.00 元	

□ □ □ 前　言

　　矿产资源是一种不可再生的、重要的自然资源，也是人类赖以生存和发展不可缺少的物质基础。我国丰富的矿产资源的开发利用不仅为国民经济的快速发展提供了坚强有力的物质基础，同时也极大地促进了工业等相关产业的迅速发展。但矿产资源带来巨大经济效益的同时，在矿山开采过程中也产生了一系列极其严重的环境问题，如矿山原有地貌景观退化、地质灾害加剧、含水层破坏、土地损毁、土地退化、环境污染等，对公众的安全、健康、生命、财产和生活都造成了很大的危害，已严重地威胁着人类的生存。要实现资源开发利用和生态环境保护协调一致，不但要对破坏的矿区进行修复，搞好开采中的生态环境保护，防止出现新的生态破坏，还要考虑未来区域环境的生态恢复，最大限度地减少矿山开采带来的不利影响，维护或改善影响区的环境功能，在资源开发中保护环境，促进社会经济实现可持续发展。因此，需要针对矿产资源开发过程的特征和污染特点，针对矿区开采对生态环境所造成的不利影响进行评估，提出切实可行的生态环境保护以及污染防治方法，提出合理可行的生态修复方案，并对经济、生态和社会效益进行分析，以便为矿区生态修复提供理论依据。

　　本书的编写和出版得到了以下项目的资助：山西省高等教育"1331 工程"提质增效建设项目——服务流域生态治理产业创新学科集群建设项目，地理科学国家一流专业建设项目，山西省哲学社会科学规划课题（2020YY204）。

　　本书在撰写过程中，作者投入了大量的精力和体力，但由于水平有限，疏漏之处在所难免，敬请读者批评指正。

著者
2021 年 10 月

目　录

第一章

矿山生态修复研究现状及主要理论基础

20世纪80年代以来，随着对矿产资源需求的迅速增加及矿业经济的迅猛发展，因矿区开采而造成的生态环境破坏问题日趋严重，特别是露天开采，不但影响自然景观、造成环境污染，而且还会造成水土流失，诱发山体滑坡等地质灾害。采矿活动所形成的废弃地具有众多极端理化性质，主要表现为物理结构不良、贫瘠、极端pH值、重金属含量过高、干旱等（李秋元 等，2002）。对矿区景观、土地资源、水环境、生物多样性等均产生了巨大影响并危及人类的生存与健康，影响区域经济的可持续发展（沈渭寿 等，2004）。我国现有国有矿山企业8000多个，个体矿山企业达到23万多个。全国中型以上国有矿山企业占地75万hm²。其耕地、林地、草地百分比分别为28.04%、28.74%、7.43%。露天采矿场、工场与尾矿场占地为6.16万hm²、3.24万hm²、2.73万hm²，采矿业中各类型占地情况为采矿活动本身占59%、排土场占20%、尾矿占13%、废石堆占5%、塌陷区占3%（邢立亭 等，2008）。

第一节 国内外研究现状

一、国外矿山废弃地治理现状

近半个世纪以来，发达国家对矿区废弃地治理非常重视。据统计，全世界废弃矿区面积约670万hm²，其中露天采矿破坏和撂荒地约占50%。据美国矿务局调查，美国平均每年采矿占地4500hm²，已有47%的废弃地恢复了生态环境，20世纪70年代以后生态恢复率为70%左右。英国在70年代有矿区废弃土地7.1万hm²，其中每年煤矿露采占地2100hm²，由于各级政府的重视，通过法律、经济等措施，生态恢复效果显著，1974—1982年因采矿废弃土地1.9万hm²，生态恢复面积达1.69万hm²，恢复率达88.9%，1993年露天采矿占用地已恢复5.4万hm²（胡明安 等，2005）。

矿区生态环境控制与恢复最早开始于德国和美国，美国早在1920年《矿山租赁法》中就明确要求保护土地和自然环境，德国从20世纪20年代开始在废弃地上植树以恢复植被保护环境。80年代以后，随着世界各国对环境问题的日益重视和生态学的迅速发展，矿山环境恢复治理中生态系统的重建工作已成为该领域研究的焦点，呈现出蓬勃发展的态势。英国、德国、美国、波兰等国家在矿区土地复垦与生态重建方面都处于国际领先水平。70年代以来，人们深刻地认识到复垦是使开采过的土地恢复到可接受的环境状况的理想补救方式，而且是矿山开采中不可分割的组成部分。国际社会对这一共识积极响应。自1985年以来，已有90多个国家颁布了新的矿产法，美国早在1977年就通过了《露天开采控制与复垦法》，以规范采矿业和解决废弃矿区的问题，详尽地规定了包括原有矿和新开矿作业的标准和程序及复垦技术与目标。如规定将使用土地恢复到原用途要求的环境，稳定矿渣堆，恢复表层土壤，尽可能降低矿山排水危险，因地制宜地种草植树等。

德国是世界上重要的采煤国家，年产煤量达2亿t，以露天开采为主，德国政府对煤矿废弃地的复垦、生态恢复十分重视，早在1920年就开始对露天煤矿矿区废弃地进行复垦，其发展过程大致经历过3个阶段：试验阶段（1920—1950年），此阶段对各种树木在采矿废弃地的适应性进行了研究，选出了赤杨和白杨可以作为采矿废弃地恢复的先锋树种；综合种植阶段（1951—1958年），此阶段提出了树种的多样性和树种的混交；分阶段种植阶段（1958年以后），此阶段主要提出根据不同采矿废弃地分类种植恢复。由于制度健全、严格执法、资金渠道稳定，德国的土地复垦和生态恢复取得了很大的成绩，到1996年，全国煤矿采矿破坏土地15.34万 hm^2，已经完成恢复的生态恢复面积达到8.23万 hm^2，恢复率为53.7%（胡明安 等，2005）。为了保证矿区废弃地生态环境恢复工作的顺利进行，许多国家如美国、加拿大、澳大利亚及东欧一些国家都先后制定了有关法律、法令、规章来约束采矿工业对土地的破坏，以法律形式要求对采矿占用、破坏的土地生态环境进行恢复。

二、国内矿区废弃地治理现状

我国矿区废弃地的恢复工作开始于20世纪50年代末。但是由于社会、经济和技术等方面的原因，直到80年代这项工作基本上还是处于零星、分散、小规模、低水平的状况。1988年《土地复垦规定》的出台，使我国矿区废弃地的生态恢复工作步入了法制轨道，矿区废弃地恢复的速度和质量都有较大的提高。1990—1995年全国累计恢复各类废弃土地约53.3万 hm^2，其中1526家大中型矿区恢复废弃地约4.67万 hm^2，占全国累计矿区面积的1.62%。然而，小型矿区对土地破坏十分严重，生态恢复率几乎为零（闫军印 等，2008）。目前经济发达地区的矿区陆续开展了土地复耕、水土保持等生态恢复建设，如北京、浙江、江苏、山东、广东深圳以及山西朔州、山东兖州、辽宁阜新、内蒙古准格尔出现了一些优秀示范生态恢复矿区。在技术研究方面，山西安太堡露天煤矿、辽宁阜新煤矿、山东兖州煤矿、深圳和北京的矿山生态植被恢复研究取得了丰硕的成果，但是总体上我国矿区废弃地生态恢复的任务还十分艰巨（姚延梼 等，2016）。

第二节　我国矿区生态恢复模式

我国矿区的生态恢复始于20世纪60年代。到了80年代，我国矿区的生态恢复工作进入了有组织、有规模的阶段。目前，我国矿区的生态恢复主要在采矿造成的4种主要的破坏类型上进行。这4种主要的破坏类型是露天采矿场、废石场（排土场）、尾矿场（包括采煤中产生的矸石山）和地下开采造成的塌陷区（周进生 等，2004；王敬国 等，2011）。

一、露天采矿场采空区的生态恢复

根据恢复目标不同可归纳为 4 种：①农林恢复模式，即将采空区充填，平整覆土用于农林；②蓄水恢复模式，以发展旅游、渔业开发、水源地、污水处理池为恢复目标；③挖深垫浅、综合利用的恢复模式；④天然植被恢复和人工促进植被恢复的恢复模式，主要适用于露天采矿场边坡，利用人工补给种源，以创造落种条件进行边坡处理。

二、排土场（废石场）的生态恢复

主要以农林利用为主，所使用的植被恢复技术有：①排土场（废石场）稳定技术，即建立完善的排水系统，边坡生物防护体系，排土末期进行堆状排土等；②土壤改良技术，包括直接覆被土壤法和直接种植绿肥植物、利用生物活化剂、施有机肥以达到改良土壤目的的生物改良法。从管理方面，采用合理的轮作、倒茬和耕作改土，加快土壤熟化，增加土壤肥力；③植物种的筛选、种植及配置技术，根据露天矿排土场（废石场）条件的不同，选择适宜的林草。如位于土源缺乏区，含基岩和硬岩石多的废石场，种植抗逆性强的树种，对于位于丘陵地带、地表土较少及岩石易风化的废石场，稍作平整就可以直接种植抗逆性强、速生的林草，而表土丰富的废石场，则直接取土覆被，进行农林种植。

三、尾矿场的生态恢复

包括尾矿场土壤的改良、植物的筛选与种植及其配置模式的选择等生态恢复技术。由于尾矿的机械组成单一，持水、持肥力差，pH 呈酸性或碱性，且含有过量的重金属及盐类，对植物的生长定居不利，因此，必须进行改良。一般采用石灰中和酸性的尾矿，用石膏、氯化钙调节呈碱性的尾矿，对含毒重金属的尾矿，采用铺盖隔离层、覆土的方法。在植物的选择上，筛选生命力强、耐贫瘠的乡土树种，适当引入外来植物种。植物配置模式有林草型、草果型、农林型等。

四、矸石山的生态恢复

也可以作为尾矿的一种，是以人工绿化为主。植被恢复技术有矸石山整地和侵蚀控制技术，采用穴状整地和梯田整地，采用秋整春种的方式进行；覆土技术，根据矸石山表面的风化程度，分不覆土和覆不同厚度的土；在种植方式上，针对不同植物种，采取不同的种植方式，如常绿树种采用带土球移植、草本植物采用拌土撒播等。

第三节　矿山生态修复的必要性和可行性

矿山开采造成大规模的土地破坏和植被破坏，在中国乃至全世界，都是一个十分严重且日益受到高度重视的问题，矿山开采对生态系统的破坏十分严重，特别是土壤和植被的丧失，使土地失去利用价值，导致土壤结构性差，有机质含量低，植物必需的养分元素（尤其是氮、磷、钾）严重缺乏，同时重金属含量高，很不利于植物生长和其他生物活动，恢复起来十分困难。我国在这方面的问题更为突出，据统计，全国矿山开发累计破坏土地面积

200 多万 hm^2，而且正以每年 3.3 万~4.7 万 hm^2 的速度递增，严重破坏了土地资源和生态环境，所以矿山废弃地的植被恢复和重建对国土资源的合理利用及生态环境保护均有重要意义（黄铭洪 等，2003；姚延梼 等，2016）。矿山废弃地的生态修复是非常缓慢的，应采取积极的人工措施来加快修复，缩短水土流失过程，使其在获取生态效益的同时，又能获得良好的经济效益，所以对矿区生态修复进行科学研究，已经成为一项紧迫而极其重要的课题。

第二章

矿区基础条件

第一节　自然地理概况

一、地理位置及交通

　　西铭矿位于太原市中心，行政区划属太原市万柏林区王封乡、化客头街办及古交市东曲街办管辖。

　　太古（太原—古交）高速公路穿过西铭矿区内，矿区范围内村庄间以乡村公路为主，沟谷山梁有小道通行，交通便利，见图2-1。

图 2-1　西铭矿位置交通图

二、地形地貌

矿区内地形复杂，山高谷深，沟谷纵横，地形切割强烈，深切成"V"字形，属于中低山区，区内地势总体呈西高东低，最高点位于井田西南角山顶，标高为 1541.3 m，最低点在井田东南角玉门沟内，标高为 1072.5 m，最大相对高差为 468.8 m。矿区典型地形地貌见图 2-2。

        （a）深"V"形高山低谷   （b）坡顶缓坡区

图 2-2　矿区典型地形地貌

矿井工业场地及风井场地均位于主要沟谷内，矿区沟谷及山脊总体受石千峰控制，中西部沟谷山脊总体由南向北高程逐渐降低、呈南北向展布，东部由 104 省道东西向分割后，北部向崛围山展布，南部汇集于玉门河。

西铭矿工业场地总体位于玉门河北岸，矸石场总体位于玉门河两岸及南侧二级沟谷流域，工业场地典型微地貌见图 2-3。

三、水文

井田属黄河流域汾河水系，狐偃山主峰与东北部的庙前山、石千峰主峰为煤田内最大分水岭。汾河从区外西北边缘流过，河床宽约 700 m，常年流水，流量受上游的汾河水库制约，一般春季放水为农业灌溉和雨季大量降水时流量大。河床坡度为 3‰，以侧向侵蚀为主。

井田内主要沟谷有玉门沟、卧龙沟、龙泉沟、磺厂沟、冀家沟、随老母沟、长峪沟等。各主要沟谷均起源于石千峰山（海拔 1775 m）、庙前山（海拔 1866 m），总体由南流向北，最终注入汾河。均为季节性冲沟，平时干涸或仅有溪流，雨季流量增加。

地表水补给来源以大气降水为主，排泄途径主要为蒸发作用，其次为人工排泄（包括农业灌溉和居民生活用水）。水温受气温影响，一般为 9～11 ℃。矿化度 0.254～0.747 g/L，pH 值 7.2～8.5，为碱性水。水化学类型为 $HCO_3 \cdot SO_4\text{-}Ca \cdot Mg$ 型水。

西铭矿所有井口标高均高于井口所在处历年最高洪水位，洪水对井口均无威胁。

（a）西铭矿主入口

（b）西铭矿综合楼

（c）选煤厂

（d）玉门平硐

（e）胡沙帽风井场地

（f）磺厂沟风井场地

图 2-3　工业场地典型微地貌

四、气象

　　矿区地处山西高原中部，春季干燥多风，夏、秋两季雨量集中，冬季冷而少雪，四季分明，昼夜温差较大，日照充足，属暖温带半干旱大陆性季风气候。气候的垂直分带明显，边山及平川区属盆地气候特征，而山区则表现为明显的高寒气候特征，灾害性天气发生较频繁，常有干旱、暴雨、洪涝、冰雹、霜冻的天气出现。

气温：年平均 9.5 ℃，最低的 1 月平均 -7 ℃，极端最低气温 -27.5 ℃。最高的 7 月平均气温 23.7 ℃，极端最高气温 39.4 ℃。年平均无霜期 170 d，初霜期为 10 月上旬，终霜期为 4 月中旬。有效积温 4080.15 ℃·d。

降水量：降水量年际变化很大，根据石千峰降水量资料（表 2-1）全年降水量约 60% 集中于 7、8、9 3 个月，多年平均降水量 428.2 mm（1965—2019 年），历年最大年降水量为 621.0 mm（1996 年），历年月最大降水量 314 mm（1996 年 8 月），历年日最大降水量 279 mm（1996 年 8 月 4 日），历年时最大降水量 78.8 mm（1996 年 8 月 4 日），历年 10 分钟最大降水量 29.1 mm（1998 年 5 月 3 日），汛期（6—9 月）降水量占全年降水量的 55% ~ 85%，最少年降水量 241.3 mm（1997 年）。无霜期 140 ~ 190 d。研究区及周边降水量变化悬殊，表现为降水量年内分布不均。

表 2-1　降水量统计表

年份	降水量（mm）	年份	降水量（mm）	年份	降水量（mm）
1987	350.8	1998	357.8	2009	613.3
1988	592.2	1999	282.7	2010	388.2
1989	436.0	2000	425.6	2011	571.5
1990	381.2	2001	274.1	2012	551.4
1991	363.6	2002	418.2	2013	596.6
1992	405.5	2003	494.7	2014	476.3
1993	344.3	2004	450.5	2015	398.4
1994	432.6	2005	331.3	2016	443.3
1995	545.5	2006	334.8	2017	541.5
1996	621.0	2007	593.6	2018	360.2
1997	241.3	2008	461.1	2019	480.3

蒸发量：年平均 1849.3 mm，大于年平均降水量的 4 倍多，年最高 2080.0 mm，年最低 1427.5 mm。

风向与风速：年平均风速 2.5 m/s，多西北风，极端最大风速 18.7 m/s，最大 4 月平均风速 3.3 m/s，7、8、9 月平均最小风速 1.8 ~ 2.0 m/s。

冰冻期：每年 11 月开始结冰，次年 4 月解冻，冰冻期约 5 个月，最大冻土深度 80 cm。

日照：研究区近 10 年日照时数呈明显的上升趋势，线性倾向率为 57 h/10 a，平均值为 2449 h，2015 年日照时数达到最大值 2710 h，1986 年年日照时数最低，为 2135 h。

五、地震

矿区位于山西断裂带太原断陷盆地西侧山区，是山西地震带以至华北地震活动中频度最高的地区之一，虽然发生频度高，但强度不大，历史上最严重的一次是 1038 年忻、代、并三州发生的 7.25 级地震。

1989 年 1 月，太原河西一带发生过 4.8 级地震；2002 年，郝庄发生 4.7 级地震；2010 年 6 月，阳曲县发生 4.6 级地震，太原市及周边均有震感。

根据《中国地震动参数区划图》（GB 18306—2015），研究区地震动峰值加速度 0.15 ~ 0.20 g，地震动加速度反应谱特征周期为 0.40 s，对应地震基本烈度为Ⅶ ~ Ⅷ度。

六、土壤

据土壤普查资料及对研究区的现场勘查，研究区内共有山地棕壤、褐土、草甸土 3 个主要土类，部分砂页岩裸露山坡有残积土分布。其中棕壤土为主要的林地土壤，褐土为主要的农业土壤，草甸土为主要的草地土壤。

山地褐土：多分布在旱地及裸地附近。土壤呈褐色或棕褐色。质地为中壤土至轻黏土。表层为团粒结构，并多岩屑碎片。成土母质为冰积物。在表土以下有一钙积层。全剖面呈微碱性反应，pH 值 7.2 ~ 7.8。

棕壤土：研究区内广泛分布有棕壤土，实地调查中于 104 省道两侧山坡处多见。受一定侵蚀，土层薄，有零星针叶克林或阔叶林，主要为草灌，覆盖度较差；由于原始森林在历史上遭受破坏后被茂密的次生草灌所代替，多出现在林区村庄的附近，或林缘上下地带，剖面淀积层可见到树的腐根。该土剖面发育较差，棕壤化过程不明显。一般土体构型为草皮层—腐殖质层—黏化层（黄土层）一半风化物层。腐殖质层有机质含量 7% ~ 15%，土壤呈微酸性，pH 值 6.5 ~ 7.0。

草甸土：研究区内多见于其他草地中。山地顶部平台都位于林线以上，有"草丛土丘"，冻土地貌明显，土层中有永冻层，剖面中下部有明显锈纹锈斑。植被以高寒喜湿性矮生蒿草为主，覆盖度 0.95 以上。

七、植被

农田生态系统主要分布于井田区河流沿岸及公路沿岸，主要包括农田和瓜果蔬菜地，农作物主要有谷子、玉米、高粱、山药、豆类等，蔬菜主要有苗子白、白菜、大蒜、萝卜等。

研究区内天然植被主要有：

乔木林。油松林、白杨、侧柏等，多见于区内干旱、土地贫瘠的石质山地，海拔 1100 ~ 1700 m 的阳坡，乔木层以油松、侧柏占优势，乔木层郁闭度 0.3 ~ 0.5，油松高 6 ~ 10 m，胸径 20 ~ 35 cm，侧柏高 6 ~ 8 m，胸径 10 ~ 25 cm。

灌木林。主要为沙棘、黄刺玫、三裂绣线菊、荆条、山桃、蚂蚁腿子、黄栌，广泛分布在区内各中低阳坡、阴坡、潮湿沟谷，群落覆盖度一般在 0.3 ~ 0.6，建群种高 50 ~ 100 cm，最高可达 2 m。

草丛。主要为艾蒿、白羊草、丁香、黄刺玫、山杏、胡枝子、野菊、苔草、地榆等。分布在区内山地阳坡和山麓地带，种类较多，是目前相对稳定的现状植物群落，群落总覆盖度为 0.3 ~ 0.6，主要群落种是艾蒿等，属菊科旱生灌木，高度 20 ~ 40 cm，分盖度为 15% ~ 20%。

八、土地类型

根据 2018 年度土地变更调查数据库成果，西铭矿土地利用类型包括水浇地、旱地、果园、有林地、灌木林地、其他林地、其他草地、农村道路、沟渠、设施农用地、田坎、裸地、城市、村庄、采矿用地和风景名胜及特殊用地，矿区范围内土地利用现状统计见表 2-2。

矿区（新矿界＋退出晋祠泉域部分）涉及太原市万柏林区和古交市，其中：万柏林区 3975.92 hm²，占矿区总面积 92.36%；古交市 328.78 hm²，占矿区总面积 7.64%。

表 2-2　矿区范围内土地利用现状统计表

一级地类		二级地类		面积（hm²）	占总面积比例（%）	
01	耕地	012	水浇地	12.82	0.29	3.77
		013	旱地	149.86	3.48	
02	园地	021	果园	22.48	0.52	0.52
03	林地	031	有林地	1124.12	26.11	81.99
		032	灌木林地	1329.22	30.88	
		033	其他林地	1076.17	25.00	
04	草地	043	其他草地	221.49	5.15	5.15
10	交通运输用地	104	农村道路	27.56	0.64	0.64
11	水域及水利设施用地	117	沟渠	1.14	0.03	0.03
12	其他土地	122	设施农用地	0.79	0.02	2.99
		123	田坎	31.31	0.73	
		127	裸地	96.59	2.24	
20	城镇村及工矿用地	201	城市	52.81	1.23	4.91
		203	村庄	109.39	2.54	
		204	采矿用地	48.20	1.12	
		205	风景名胜及特殊用地	0.75	0.02	
合计				4304.70	100.00	100.00

九、矿区社会经济概况

矿区内无乡办及村办企业，经济以采煤业为主，除煤炭外，也有优质铁矿、铝土泥岩、石膏、石灰石等矿产资源。农业以粮食为主，主要生产玉米、高粱、谷子等。

研究区范围内涉及 5 个乡镇街道，其中位于万柏林区的有王封乡、化客头街道和西铭街道，位于古交市的有邢家社乡和东曲街道。各乡镇概况及社会经济指标分述见表 2-3，数据引用自《太原市统计年鉴》。

表 2-3 乡镇社会经济概况表

区县	乡镇名称	国土面积（km²）	总人口（人）	人均耕地（亩*）	年度财政收入（万元）		
					2017	2018	2019
太原市万柏林区	王封乡	103.6	6071	0.91	1503.15	1845.64	2014.69
	化客头街道	33.38	13000	0.67	1174.56	1271.33	1370.22
	西铭街道	27.78	16600	0.53	237.74	245.39	253.73
古交市	邢家社乡	261.92	11218	0.65	148.65	157.33	163.27
	东曲街道	78.73	31984	0.61	148.65	163.27	157.33

* 1 亩 = 666.67m²，余同。

第二节 矿区地质环境

一、矿区地质构造

西铭矿区地质构造属新华夏构造体系，为山西省北中部呈雁行斜列的 3 个煤盆地之一，它位于"祁吕贺"山字形构造带东翼内带的中部，阳曲—盂县纬向构造亚带的西南端，太岳山经向构造带北延处的东侧。按构造形迹的展布特征及其组合规律，西山煤田构造形迹的展布可划归为 3 个构造体系，即南北经向构造、北东向新华夏系构造和旋回帚状构造。经向构造为主要由自北而南的狮子河向斜、马兰向斜、东社向斜组成的西山向斜，展布于煤田西部并贯穿煤田南北，构成煤田的一级构造。

井田位于西山煤田的东北隅，北部受随老母—王封断裂的制约，东部受山前大断裂，西部受西山向斜中段东部突出位的影响，井田总体构造形态为背、向斜相间的褶曲构造，走向大致北东—北西，倾向北西—南东，走向、倾向受褶曲构造控制，倾角 2°～12°，一般 6°左右。东北部小卧龙赛庄向斜、玉门沟背斜、冀家沟背斜和石千峰向斜为煤矿主体构造，在此基础上发育次一级的一系列北东和北西向的短轴褶曲，褶曲两翼宽缓，褶曲轴向多呈弧形或"S"形，并伴生较多落差大小不等的断层，煤矿浅部尤为明显，致使煤矿地层走向在局部范围内有一定变化。综上所述，井田构造复杂程度属中等类型。

二、矿区水文地质条件

晋祠泉域东北部边界以北石槽背斜至三给地垒与兰村泉域为界，此边界为可变动边界；北部及西北部以变质岩系为界；西边界位于狐堰山、寨儿坡、岭底村至山前大断裂；东部与南部以山前大断层为边界，此边界为排泄边界。

泉域补给来源主要是接受大气降水的入渗补给及汾河地表径流在河谷地段的渗漏补给，其次是冲积层潜水的补给。井田位于晋祠泉域岩溶水系统的东缘北段径流区，地下水由北而南流过，属于地下水径流区，井田内奥灰含水层富水性东部强于西部。

第三节　人类工程活动

西铭矿地处太原盆地和西山边缘，前山矿区西缘，总体沿主分水岭建设的104省道分别从矿区西南部及东南部穿过，在此基础上大多数次一级沟谷总体呈近南北向分布，南高北低，沟谷内历史上大多分布村庄和小型工矿企业。

区内有七里沟地质遗迹，煤系地层完整，是太原西山矿山国家公园申报的重要组成部分。

矿山周边现状开采的矿山企业为南部的杜儿坪煤矿，其他人类工程活动主要为区内及周边农民生产活动，总体上矿山及周边其他人类工程活动频繁。

一、七里沟地质遗迹

七里沟治理区保存有完整石炭二叠系地层剖面组地质遗迹，该组剖面由德国著名地质学家李希霍芬、美国地质学家维里士、中国地质学家煤田地质奠基人王竹泉、瑞典地质学者那琳、中国地质学家李四光等著名学者确认的石炭二叠系地层剖面。

七里沟地质遗迹历史上小煤窑开采严重，地面塌陷和矿山地质环境损坏严重，根据山西省人民政府《山西省采煤沉陷区综合治理工作方案（2016—2018年）》（晋政发〔2016〕31号）、《山西省人民政府办公厅关于印发山西省采煤沉陷区综合治理资金管理办法的通知》（晋政办发〔2016〕93号）和《山西省采煤沉陷区综合治理地质环境治理专项工作方案（2016—2018年）》（晋治沉地环办〔2016〕1号）有关要求和安排部署，七里沟地质遗迹已纳入山西省采煤沉陷区治理项目，目前已完成项目的可行性研究和勘查设计任务，正在进行治理施工。

二、工矿企业活动

矿区内无其他在产煤矿山和小窑，地面活动主要有各风井场地生产生活以及采石场活动。

井田内采石场较少，除狮头奥灰采石场外，其余均为石炭二叠系砂岩石料厂，规模小且多已停采。如BT-19崩塌灾害就是C3t开采造成的，已停采多年，见图2-4。

图2-4　停采的小型采石场（BT-19崩塌点）

狮头奥灰采石场位于北头村南 0.4 km，为狮头水泥厂的 O_2 石灰岩石料场。目前 O_2 石灰岩露头已经采完，现在先剥去上覆 C2b 地层再开采。采石场长 1 km，宽 550~850 m，面积 63.23 hm²，大致呈梨形，井田内面积 29.35 hm²。采石场开采边坡上部为 C_2b 泥岩、砂岩、石灰岩夹铝质泥岩、煤线等软弱夹层，坡角 50°~80°，不稳定，具多处崩塌（BT-20）和滑坡（HP-16、HP-17）；下部 O_2 石灰岩，硬度大，层间结构紧密，构造裂隙不甚发育，坡角 65°~80°，边坡稳定性较好。采石场东南部沟谷已被弃石填平，并覆土植树，采石场内 2 个新弃石堆，其中区内 1 个，体积为 25 万 m³，见图 2-5。

图 2-5 狮头水泥厂奥灰采石场现场

三、农业生产活动

近年来随着国民经济的发展，政策上对偏远农村和生态环境的重视，加之矿区内采煤对地表基础设施的影响，矿区内村庄人口逐渐搬离原老旧村落，仍有居住的村落均已铺设水泥硬化的乡村公路，村庄内供电及通信情况良好。矿区内村庄基本情况见表 2-4。

井田范围现存村庄内居住人口较少，原有村庄水井水量可以满足居民日常生活用水，当水井水量不足以供居民使用时，由西铭矿采用水车拉水方式向村民供水。

根据实际调查情况，各村庄内常住人口均少于 10 人。

表 2-4 矿区内村庄基本情况一览表

村庄名称	户籍数	户籍人口	搬迁情况	村庄面积（hm²）
化客头村	328	1060		8.6
小卧龙村（旧）	125	436		5.45
小卧龙村（新）	165	498		5.43
塞庄村	245	875		10.3
店头村	42	180		1.85
大垴村	33	175		0.95
前西岭村	75	275		1.8
后西岭村	92	321		2.65

村庄名称	户籍数	户籍人口	搬迁情况	村庄面积（hm²）
马矢山村	50	245		0.95
蒿地茆村	25	78		0.65
莲叶塔村	58	230	已搬迁	0.3
北头村（姚家沟）	278	930		8.4
大卧龙村	45	179		2.4
土圈头村	22	85		0.3

第四节　土地利用现状

一、影响区土地利用状况

1. 影响区土地利用现状

按照全国土地利用现状调查规程和全国土地利用现状分类标准系统，根据古交市自然资源局提供的 2018 年度太原市万柏林区和古交市土地变更调查数据成果获得影响区土地利用现状，将影响区土地利用情况划分为 16 个二级地类。

根据西铭矿采矿证载的井田范围，确定矿区土地利用面积 42.1701 hm²，根据预测矿山开采影响矿区外影响面积及退出的晋祠泉域面积，则影响区面积 4627.47 hm²。

根据对 2018 年度土地变更调查数据库成果的统计，影响区土地利用类型包括水浇地、旱地、果园、有林地、灌木林地、其他林地、其他草地、农村道路、沟渠、设施农用地、田坎、裸地、城市、村庄、采矿用地和风景名胜及特殊用地，影响区土地利用现状统计见表 2-5。

表 2-5　影响区土地利用现状统计表

一级地类		二级地类		面积（hm²）	占总面积比例（%）	
01	耕地	012	水浇地	12.75	0.28	3.61
		013	旱地	153.96	3.33	
02	园地	021	果园	22.48	0.49	0.49
03	林地	031	有林地	1262.15	27.28	81.14
		032	灌木林地	1382.02	29.87	
		033	其他林地	1110.04	23.99	
04	草地	043	其他草地	259.77	5.61	5.61
10	交通运输用地	104	农村道路	28.73	0.62	0.62
11	水域及水利设施用地	117	沟渠	1.14	0.02	0.02

一级地类		二级地类		面积（hm²）	占总面积比例（%）	
12	其他土地	122	设施农用地	0.79	0.02	2.82
		123	田坎	33.11	0.71	
		127	裸地	97.04	2.09	
20	城镇村及工矿用地	201	城市	99.29	2.14	5.69
		203	村庄	109.86	2.37	
		204	采矿用地	53.59	1.16	
		205	风景名胜及特殊用地	0.75	0.02	
合计				4627.47	100.00	100.00

耕地：影响区内主要是旱地，局部有水浇地，是矿区内较重要的利用类型，面积166.71 hm²，均分布于万柏林区。耕地坡度≤2°梯田面积为13.16 hm²，2°~6°梯田面积为14.05 hm²，6°~15°梯田面积为34.98 hm²，15°~25°梯田面积为91.61 hm²，>25°梯田面积为12.91 hm²。田坎系数为0.06~0.18，主要农作物有玉米、谷子、豆类等。

林地：影响区林地占总用地面积的81.14%，有林地、灌木林地和其他林地分布较均衡。有林地主要为油松、杨树、榆树、侧柏等；灌木林地主要有沙棘、荆条、土庄绣线菊、虎榛子、胡枝子等；其他林地为疏林地，主要植被以沙棘、荆条、黄刺玫、虎榛子、胡枝子等灌木为主，并伴有零星的油松、山杨、刺槐等。

草地：影响区草地总面积为259.77 hm²，均为其他草地，草类主要有白羊草、蒿类等，占影响区总面积的5.61%。

园地：影响区园地分布面积为22.48 hm²，主要由位于前后西岭和化客头的三处地块组成，主要种植苹果和核桃，占影响区总面积的0.49%。

交通运输用地：农村道路面积为28.73 hm²，道路宽度为3.0~5.5 m，长度为71.30 km，路面多为泥结碎石和素土路面，占影响区总面积的0.62%。

设施农用地：影响区内仅有一块设施农用地，矿区东部，采空区及规划采空区影响区以外，隶属于化客头街办，北头村北部沟谷内，主要进行家禽类养殖作业，面积0.79 hm²。

裸地：裸地集中为历史小煤窑开采留存的零星破坏，主要集中在玉门沟、磺厂沟和冀家沟内，原生表层土现状下基本无植被生长，占影响区总面积的2.10%。

城镇村及工矿用地：影响区城镇村及工矿用地面积为263.49 hm²，其中村庄面积109.86 hm²，除莲叶塔村已搬迁外，矿山开采过程中留设了保护煤柱；采矿用地面积53.59 hm²，主要为西铭矿工业场地和风井场地。风景名胜及特殊用地面积为0.75 hm²，主要为墓葬用地。

2. 影响区基本农田

影响区内基本农田全部分布于万柏林区，面积 181.01 hm²，坡度等级 2 ~ 4 级。

主要农作物有玉米（平均 4623.1 kg/hm²）、谷子（平均 2176.8 kg/hm²）等粮食作物，其中玉米产量占总粮食产量的 97%；豆类（平均 1213.6 kg/hm²）、油料（平均 1769.5 kg/hm²）、薯类（平均 2906.7 kg/hm²）、蔬菜及食用菌（57873.3 kg/hm²）等其他农作物。

3. 影响区工业场地用地

影响区工业场地用地主要包括工业场地和风井场地，场地均已征收。其中工业场地位于西铭矿东南部，部分位于矿界外，总占地面积 91.68 hm²；风井场以近东西向分布于区主要沟谷内，总占地面积 3.97 hm²。

二、复垦区土地利用状况

复垦区占影响区大部分区域，二者范围内植被、土壤、农作物等总体情况一致，根据 2018 年度土地变更调查数据库成果，以下针对复垦区的面积数据、基本农田数据进行分述。

1. 复垦区土地利用现状

复垦区土地利用现状统计见表 2-6。

表 2-6　复垦区土地利用现状统计表

一级地类		二级地类		面积（hm²）	占总面积比例（%）	
01	耕地	013	旱地	73.49	2.17	2.17
02	园地	021	果园	22.22	0.66	0.66
03	林地	031	有林地	1124.51	33.24	83.88
		032	灌木林地	1063.17	31.43	
		033	其他林地	649.75	19.21	
04	草地	043	其他草地	229.73	6.79	6.79
10	交通运输用地	104	农村道路	21.70	0.64	0.64
12	其他土地	123	田坎	14.52	0.43	1.94
		127	裸地	50.86	1.51	
20	城镇村及工矿用地	201	城市	91.42	2.70	3.92
		203	村庄	27.06	0.80	
		204	采矿用地	13.41	0.40	
		205	风景名胜及特殊用地	0.75	0.02	
合计				3382.59	100.00	100.00

2. 复垦区基本农田

复垦区基本农田均分布于万柏林区，面积 72.49 hm²，土地质量及农作物情况同影响区基本农田情况。

三、复垦责任范围土地利用状况

复垦责任范围相较于复垦区，主要减少闭坑后仍作为永久建设用地保留的工业广场，复垦责任范围面积为 3290.90 hm²。

复垦责任范围占影响区大部分区域，二者范围内植被、土壤、农作物等总体情况一致，根据 2018 年度土地变更调查数据库成果，以下针对复垦责任范围的面积数据、基本农田数据和权属数据进行分述。

1. 复垦责任范围土地利用现状

复垦责任范围土地利用现状统计见表 2-7。

表 2-7　复垦责任范围土地利用现状统计表

一级地类		二级地类		面积（hm²）	占总面积比例（%）	
01	耕地	013	旱地	73.49	2.23	2.23
02	园地	021	果园	22.22	0.67	0.67
03	林地	031	有林地	1124.51	34.17	86.22
		032	灌木林地	1063.17	32.31	
		033	其他林地	649.75	19.74	
04	草地	043	其他草地	228.88	6.96	6.96
10	交通运输用地	104	农村道路	21.70	0.66	0.66
12	其他土地	123	田坎	14.52	0.44	1.99
		127	裸地	50.86	1.55	
20	城镇村及工矿用地	201	城市	0.58	0.02	1.27
		203	村庄	27.06	0.82	
		204	采矿用地	13.41	0.41	
		205	风景名胜及特殊用地	0.75	0.02	
合计				3290.90	100.00	100.00

2. 复垦责任范围基本农田

复垦责任范围内基本农田同复垦区内基本农田，详见表 2-6 复垦区土地利用现状。

复垦责任范围内有耕地 73.48 hm² (1102.37 亩),承包情况见表 2-8。

表 2-8 复垦责任范围内耕地承包到户统计表

区县	乡镇	权属单位	面积 (hm²)	面积 (亩)	承包户数	承包人数
万柏林区	化客头街道办事处	北头村	0.26	3.92	1	3
		化客头村	0.91	13.72	3	8
		赛庄村	0.50	7.56	2	5
		新道村	1.41	21.10	4	12
	王封乡	后西岭村	50.88	763.22	75	283
		磺厂村	12.42	186.31	16	41
		冀家沟村	0.02	0.36	1	2
		莲叶塔村	0.09	1.38	1	2
		马矢山村	2.09	31.37	7	20
		前西岭村	2.27	34.03	9	25
		王封村	0.84	12.61	2	5
		小卧龙村	1.79	26.79	6	17
总计			73.48	1102.37	127	423

第五节 生态环境

一、矿区生态特征

1. 土壤

据土壤普查资料,矿区区域主要的土壤为山地褐土。

山地褐土:研究区内主要为石灰性褐土,多分布在河流二级阶地、山前倾斜平原和丘陵缓坡地区。土壤呈褐色或棕褐色,土壤发育较好,层次过渡明显,但碳酸钙分异不很明显,土体中可见到丝状和霜状钙积,通体石灰反应较强烈,心土层有色泽较鲜艳的黏化层。成土母质种类主要是石灰岩、砂页岩等,土体结构松散,土层浅,是山西省主要的农业土壤。以大秋作物为主,多为两年三作,以冬麦和大秋,还有一年两作的棉麦区。土体中淋溶层不明显,黏化层和钙积层多数在同一个层段,由南向北黏化逐渐减弱。

依据《土壤侵蚀分类分级标准》(SL 190—2007),土壤侵蚀强度由弱到强可分为微度、轻度、中度、强烈、极强烈和剧烈 6 个等级,微度的土壤侵蚀模数在容许值范围内。土壤侵蚀强度选取评价指标为坡度、植被覆盖度和土地利用类型,拟定分级的参考指标见表 2-9,得到水土流失强度分布情况见表 2-10。

表 2-9 土壤侵蚀强度分级表

坡度		<5°	5°~8°	8°~15°	15°~25°	25°~35°	>35°
非耕地的林草覆盖度（%）	>75	微度	微度	微度	微度	微度	轻度
	60~75	微度	轻度	轻度	轻度	中度	中度
	45~60	微度	轻度	轻度	中度	中度	强烈
	30~45	微度	轻度	中度	中度	强烈	极强烈
	<30	微度	中度	中度	强烈	极强烈	剧烈
坡耕地		微度	轻度	中度	强烈	极强烈	剧烈

表 2-10 水土流失强度分布数据

侵蚀强度	侵蚀模数 [t/(km²·a)]	矿界内面积（km²）	占比（%）
微度侵蚀	<1000	2.7557	6.53
轻度侵蚀	1000~2500	3.2743	7.76
中度侵蚀	2500~5000	11.5279	27.34
强烈侵蚀	5000~8000	15.4136	36.56
极强烈侵蚀	8000~15000	6.9325	16.44
剧烈侵蚀	>15000	2.2661	5.37
总计		42.1701	100

从以上结果可以看出，西铭矿矿区主要属于强烈侵蚀为主，面积为 15.4136 km²，占井田面积的 36.56%，其次为中度侵蚀和极强烈侵蚀，面积分别为 11.5279 km² 和 6.9325 km²，分别占井田面积的 27.34%、16.44%，主要是因为本区域处于典型的黄土梁、峁地貌区，坡度较陡，发生鳞片状面蚀和山剥皮等形式水土流失的可能性较大。

2. 植被

植被类型为山地中生落叶阔叶灌草丛区，主要植被为落叶、针叶混交林及灌木草丛。木本植物有油松、侧柏、山杨等；灌木有沙棘、荆条、紫丁香、黄刺玫等；草本植物有紫花苜蓿、草木犀等。农田植被以玉米、豆类、土豆等为主，散布于研究区内的丘间低地、沟滩以及丘陵坡地等处。

3. 动物

主要野生动物有兽类、禽类、两栖类、爬行类、虫类等。兽类：獾、狼、狐、野猪等；禽类：鹰、鹞、猫头鹰、啄木鸟、乌鸦、野鸡等。

二、植被覆盖现状

参照全国土地利用现状调查技术规程、全国土地利用现状分类系统，采用遥感解析方法，获得本期方案井田范围及调查区植被覆盖情况数据。在对遥感数据进行预处理的基础上，通过现场针对性斑块详查，统计出井田内各种植被的面积、种类和分布。主要树种为白皮松、油松、侧柏林等；灌木植被类型为土庄绣线菊灌丛及虎榛子沙棘灌丛等；草类主要为黄刺玫、三裂绣线菊、麻叶绣线菊、沙棘、苜蓿、刺槐类；农作物以玉米、谷子、豆类、马铃薯等为主。

1. 温带针叶林

（1）油松、侧柏林

多见于区内干旱、土地贫瘠的石质山地，海拔 1100～1700 m 的阳坡，土壤为山地粗骨性褐土，地面落叶厚度 2～4 cm。乔木层以油松、侧柏占优势，林内常见有单片白皮松。乔木层郁闭度 0.3～0.5，油松高 6～10 m，胸径 20～35 cm。侧柏高 6～8 m，胸径 10～25 cm。林中灌木常见有黄刺玫、三裂绣线菊、丁香、蚂蚱腿子等。草本层以苔草占优势。

（2）油松、白皮松林

分布在评价区内海拔 1000～1700 m 的山地阳坡、半阳坡。土壤主要为山地褐土，乔木层郁闭度为 0.85，高 6～10 m，一般胸径 20～30 cm，生命力强，混有侧柏，林下灌木有沙棘、黄刺玫、绣线菊等。

（3）白皮松、侧柏林

分布在评价区内海拔 1500 m 左右的山地阳坡上，落叶层 2～4 cm，土壤为山地粗骨性褐土，土层贫瘠、干旱、地表岩裸露或为砂岩及风化物。乔木层郁闭度 0.3～0.4，白皮松高 4～6 m，胸径 15 cm 左右，生长中等。侧柏高 3～5 m，胸径 5～7 cm。灌木层盖度为 40%，主要有荆条、黄刺玫、山桃、蚂蚱腿子等。草层盖度为 30%，主要为白羊草、丁香、黄刺玫、山杏等。

（4）侧柏林

区内多数天然次生侧柏林生长分布悬崖和岩石裸地、土层贫瘠的石质山坡，多数土壤为山地粗骨褐土，群落结构和种类组成都比较简单。乔木层郁闭度多为 0.2～0.5，最高达 0.7，乔木层中多伴有油松、白皮松、榆树等，生长低矮，高 5～7 m，盖度不大，林下灌草稀疏，常见有荆条、黄栌、黄刺玫等。

2. 温带阔叶针叶灌丛

（1）黄刺玫

评价区内较稀疏分散，一般高为 1～2 m，分盖度为 50%～60%，伴生灌丛有荆条、三裂绣线菊等，草本层盖度为 20%～40%，主要伴生草类有白羊草、羊胡子草等。

（2）沙棘灌丛

广泛分布在区内各中低阳坡、阴坡、潮湿沟谷。高 1～2 m，以单优势种形成植物群落，有些地方与黄刺玫组成植物群落，伴生植物有三裂绣线菊、白羊草、蒿类等。

（3）三裂绣线菊灌丛

生长评价区内海拔 1500 m 以下的阴坡、半阴坡，沟谷也有生长，但生长低矮。有些地段生长在石质山阳坡，但生长不良。群落盖度一般在 30%～60%，建群种高 50～100 cm，坐高可达

2 m，分盖度为30%~50%，伴生灌木有黄刺玫、蚂蚱腿子等，草本层以白羊草、薹草为主。

（4）蚂蚱腿子灌丛

分布较广，主要在评价区内海拔1400 m以下的低山区，土壤主要为山地褐土，建群种蚂蚱腿子高1 m左右，分盖度为40%~50%，伴生灌木主要有三裂绣线菊、荆条、沙棘、小叶鼠等，草本层主要以白羊草、薹草、蒿类为优势。

3. 草丛

井田区内草丛分布在评价区内的山地丘陵地带，种类较多，是目前相对稳定的现状植物群落。主要为蒿类草丛，分布在区内山地阳坡和山麓地带。群落总盖度为30%~60%，主要群落种是艾蒿等，属菊科旱生灌木，高度20~40 cm，分盖度为15%~20%。群落的组成植物还有白羊草、胡枝子、野菊、薹草、地榆等。

4. 栽培植被

农作物：本区农作物由一年一熟作物组成，主要以玉米、谷子、莜麦、豆类、马铃薯为主。

果林类型：果树资源较少，有10多种，个别地方有少量抗逆性较强品种，且零星种植，多为核桃、苹果、葡萄等。

由表2-11可知：西铭矿井田区内耕地面积为0.8179 km²，占1.94%；夏绿阔叶林面积为3.5568 km²，占8.43%；灌木丛面积为11.5829 km²，占27.47%；草丛为25.4948 km²，占60.46%；非植被为0.7177 km²，占1.7%。

表 2-11   矿区植被类型分布

植被类型	面积（km²）	
	矿界内	占比（%）
北方农作物	0.8179	1.94
温带夏绿阔叶林	3.5568	8.43
温带灌木丛	11.5829	27.47
温带草原	25.4948	60.46
非植被	0.7177	1.7
总计	42.1701	100.00

三、矿区环境质量现状

1. 环境空气质量现状

西铭矿所处区域为万柏林区，本次收集到了2018年太原市万柏林区年度环境空气质量统计数据，污染物为PM_{10}、SO_2、$PM_{2.5}$、NO_2、CO和O_3，具体结果见表2-12。

表 2-12　环境空气监测结果统计表

污染物	评价时间	单位	监测浓度	标准值	占标率（%）	达标情况
SO_2	年平均	$\mu g/m^3$	29	60	48.33	达标
NO_2			44	40	110	超标
PM_{10}			118	70	168.57	超标
$PM_{2.5}$			46	35	131.43	超标
CO	日均第95百分位数	mg/m^3	2.4	4	60	达标
O_3	日最大8小时平均第90位百分数	$\mu g/m^3$	203	160	126.88	超标

通过统计结果可以看出，研究区所在区域仅 SO_2 和 CO 浓度均满足《环境空气质量标准》（GB 3095—2012）的二级标准要求；$PM_{2.5}$、PM_{10}、NO_2、O_3 浓度均不同程度超过《环境空气质量标准》（GB 3095—2012）的二级标准要求，本研究所在区域为非达标区域。

2. 地表水环境质量现状

根据《山西省地表水环境功能区划》（DB 14/67—2019），本研究区域属于汾河上中游区汾河玉门河源头—小西铭区段，水环境功能为一般源头水保护，对水质要求执行《地表水环境质量标准》（GB 3838—2002）Ⅲ类标准。研究区地表水为玉门河。根据现场勘查，该区域地表水水质一般。

玉门河汇入汾河经小店桥断面，次地表水环境质量现状调查引用太原市环境监测中心站 2018 年汾河太原段水质监测统计结果，该断面执行 V 类标准。小店桥监测断面由于道路施工等原因，自 2018 年 4 月起未进行监测，因此引用小店桥 1—3 月均值数据，具体见表 2-13。

表 2-13　地表水环境质量现状结果一览表

监测项目	pH	溶解氧	高锰酸盐指数	BOD_5	氨氮	石油类	挥发酚
监测值	7.87	7.57	7.13	15.23	8.51	0.14	0.017
标准值	6~9	2	15	10	2.0	1.0	0.1
达标情况	达标	达标	达标	超标	超标	达标	达标
监测项目	汞	铅	COD	总磷	铜	锌	氟化物
监测值	0.000046	0.00023	36.33	0.44	0.004	0.0067	1.096
标准值	0.001	0.1	40	0.4	1.0	2.0	1.5
达标情况	达标	达标	达标	超标	达标	达标	达标
监测项目	硒	砷	镉	六价铬	氰化物	LAS	硫化物
监测值	0.00088	0.0028	0.000008	0.002	0.002	0.39	0.023

续表

监测项目	硒	砷	镉	六价铬	氰化物	LAS	硫化物
标准值	0.02	0.1	0.01	0.1	0.2	0.3	1.0
达标情况	达标	达标	达标	达标	达标	超标	达标

根据监测结果统计，汾河小店桥断面 BOD_5、氨氮、总磷、阴离子表面活性剂（LAS）均超过了《地表水环境质量标准》（GB 3838—2002）中的 V 类标准，表明本区域地表水质量一般，超标的原因可能是汾河太原段沿程接纳的大量工业废水及生活污水，导致汾河太原段污染物超标。

第三章

矿山生产及资源情况

第一节　矿山开采历史及生产现状

一、开采历史

西铭矿是在原小煤窑基础上发展起来的，包含辖玉门沟、七里沟、菱子沟、胡沙帽及炭窑沟等坑口；1955 年 10—12 月关闭玉门沟、胡沙帽和炭窑沟 3 个坑口，核定矿井生产能力为 60 万 t/a，1961 年关闭七里沟、菱子沟两个坑口；1959 年委托北京煤矿设计院编制《地方国营西铭焦炭厂 120 万吨/年改扩建初步设计》，1960 年施工建设，1972 年正式投产，1979 年达到生产能力 180 万 t/a；1980 年西铭矿进行了生产能力 240 万 t/a 的改扩建工程建设，1982 年正式投产并达产；1985 年 10 月由设计处编制完成了《西山矿务局西铭矿 300 万吨/年改扩建工程方案设计》，1988 年 10 月中国统配煤矿总公司以中煤总生字第 307 号文批准，1991 年正式投产，核定生产能力 360 万 t/a。

2005 年，西铭矿为满足用户对煤质的需要，建成了生产能力 360 万 t/a 的洗煤厂。

二、四邻关系

1. 相邻矿山情况

西铭矿南部及东南部与山西西山煤电股份有限公司杜儿坪煤矿相邻，北部与王封煤矿相邻，西部与古交市千峰精煤有限公司相邻，四邻位置关系见图 3-1。

（1）山西西山煤电股份有限公司杜儿坪煤矿

山西西山煤电股份有限公司杜儿坪煤矿隶属于西山煤电集团公司，井田面积 69.7666 km²，设计生产能力 500 万 t/a。开拓方式为平硐、斜井开拓，采用综采一次采全高采煤方法，全部垮落法管理顶板。矿井属高瓦斯矿井，为生产矿井。

（2）太原东山王封煤业有限公司

太原东山王封煤业有限公司井田面积 2.3536 km²，设计生产能力 30 万 t/a。开拓方式为斜井开拓，采用综采一次采全高采煤方法，全部垮落法管理顶板。矿井属低瓦斯矿井，为生产矿井。

（3）古交市千峰精煤有限公司

古交市千峰精煤有限公司井田面积 7.1438 km²，设计生产能力 120 万 t/a。开拓方式为平硐开拓，采用综采一次采全高采煤方法，全部垮落法管理顶板。矿井属低瓦斯矿井，为生产矿井。

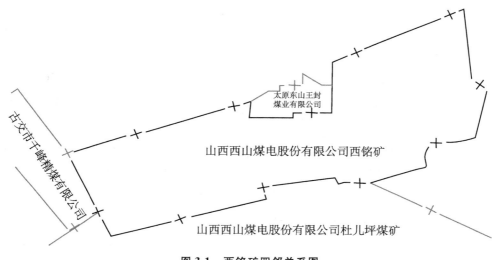

图 3-1　西铭矿四邻关系图

2. 周边小窑越界对矿井影响

山西西山煤电股份有限公司杜儿坪煤矿、太原东山王封煤业有限公司、古交市千峰精煤有限公司虽然与本矿相邻，鉴于矿区内相邻区域已形成大面积采空区（本矿）与小窑破坏区，其开采行为以及采空区积水、积气及火区对该矿开采活动均会造成一定的影响。

第二节　矿区查明的矿产资源储量

根据山西省自然资源厅"《山西省西山煤田太原市万柏林区山西西山煤电股份有限公司西铭矿煤炭资源储量核实报告》矿产资源储量评审备案的复函"（〔2020〕56 号），截至 2019 年 12 月 31 日，全井田累计查明资源储量 49346.8 万 t，保有资源储量 24730 万 t，其中探明的 111b 类基础储量 7327 万 t；控制的 122b 类基础储量 3270 万 t；推断的 333 类资源量 14133 万 t，消耗 24616.8 万 t，见表 3-1。全井田批采的 2、9 号煤层（批采标高外）保有资源储量 501 万 t，其中探明的 111b 类基础储量 145 万 t；控制的 122b 类基础储量 327 万 t；推断的 333 类资源量 29 万 t，消耗 25 万 t，见表 3-2。

表 3-1 批采标高范围内保有资源储量汇总表（单位：万 t）

煤层编号	煤类	保有资源储量				消耗资源储量			累计查明
		111b	122b	333	小计	2004 年后	2004 年前	合计	
2	SM	1163.0		244.0	1407.0	648.1	9089.0	9737.1	11144.1
3上	SM			1425.0	1425.0	142.0	764.0	906.0	2331.0
3下	SM			2251.0	2251.0	538.4	156.0	694.4	2945.4
6	SM			426.0	426.0				426.0
7	SM		734.0	428.0	1162.0				1162.0
	PM		335.0	1291.0	1626.0		141.0	141.0	1767.0
	SM + PM		1069.0	1719.0	2788.0		141.0	141.0	2929.0
8	PM	2543.0	1089.0	3425.0	7057.0	3114.4	5916.0	9030.4	16087.4
9	PM	3621.0	1112.0	4643.0	9376.0	925.9	3182.0	4107.9	13483.9
小计	SM	1163.0	734.0	4774.0	6671.0	1328.5	10009.0	11337.5	18008.5
	PM	6164.0	2536.0	9359.0	18059.0	4040.3	9239.0	13279.3	31338.3
总计		7327.0	3270.0	14133.0	24730.0	5368.8	19248.0	24616.8	49346.8

注：原采矿许可证与晋祠泉域保护区重叠范围均为采空区，本次沿用最近一次备案成果，未估算其资源储量。

表 3-2 批采标高外保有资源储量汇总表（单位：万 t）

煤层编号	煤类	保有资源储量				消耗资源储量		累计查明	赋存标高（m）
		111b	122b	333	小计	2004 年前	合计		
2	SM					25	25	25	1400 ~ 1370
9	PM	145.0	327.0	29.0	501.0			501	1010 ~ 980
总计		145.0	327.0	29.0	501.0	25	25	526	

第四章

矿山环境影响评估

第一节　矿山环境影响评估范围

一、矿山环境影响评估范围

1. 评估范围

西铭矿现有采矿证证载井田面积为 42.1701 km²，根据《矿山地质环境保护与恢复治理方案编制规范》（DZ/T 0223—2011）总则 4.4 条，矿山地质环境保护与恢复治理的区域范围包括采矿登记范围和采矿活动可能影响到的范围。

西铭矿东南部退出晋祠泉域部分未独立编制矿山地质环境评估方案，依旧包含在本方案评估范围内。

西铭矿工业场地、矸石场部分位于矿界外，包含在本次评估范围内。

根据相邻矿各负其责的原则，井田南部的杜儿坪煤矿、西部的石千峰煤矿和北部的王封煤矿，以矿界范围为评估边界，其余边界以采矿影响地表移动范围为边界（最大约 250 m）。

综上，本方案确定的评估区面积为 46.1929 km²。

2. 评估级别

（1）评估区重要程度

①评估区地跨太原市万柏林区和古交市，共涉及村庄 13 个，除去已搬迁和无人居住村庄后，剩余小卧龙新村常住人口小于 200 人。

②区内主要公路为 104 省道，从矿区东部及西部穿过，该道路为二级公路。

③区内七里沟地质遗迹包含在《太原西山国家矿山公园》的申报项目中，且位于本井田属于晋祠泉域岩溶水系统的东缘北段径流区。

④依据土地利用现状图件和土地复垦调查，评估区内受采煤沉陷影响的耕地面积 87.60 hm²，园地面积 22.21 hm²。

依据《矿山地质环境保护与恢复治理方案编制规范》（DZ/T 0223—2011）附录 B "评估区重要程度分级表"中规定，评估区重要程度为"重要区"。

（2）矿山地质环境条件复杂程度

①主要矿层位于地下水以下，矿坑进水边界条件复杂，充水水源较多，充水含水层和构造破碎带、岩溶裂隙发育带富水性强，补给条件较好，老窑水威胁中等大，矿坑最大涌水量 360 m³/h，正常涌水量为 228 m³/h。地下采矿与疏干排水易造成区域含水层下降和局部顶板含水层结构破坏，水文地质条件复杂程度属"中等复杂"。

②煤层开采中分选出的煤矸石含有害元素，经雨淋日晒，较易造成水、土污染。本次调查，目前煤矸石在场地内基本堆放占地面积约 39.71 hm²，占整个评估区面积的 0.73%。西铭矿安装了矿井水净化处理设备，排出的矿坑水不直接排放，矿坑水均经过净化处理，一部分用于矿区生活用水，一部分返回井下用于消尘等。矿区的生活废水未经处理直接排放，对周边环境有一定的影响。

③采空区面积、空间大，为多期次、多层煤的开采，对环境的影响复杂程度属"复杂"。

④评估区地质构造较复杂，矿层和矿体围岩岩层产状变化较大，断裂构造较发育，导水断裂带的导水性一般。地质构造总体复杂程度属"中等复杂"。

⑤地层主要是古生界二叠系地层（太原组与山西组地层为含煤地层），岩性以泥岩、砂岩夹煤为主，砂岩力学强度较高，稳定性较好，泥岩和粉砂质泥岩力学强度低，易产生变形冒落，矿区覆盖层厚度不大，第四系厚度在 0~60 m，一般为 25 m，第三系 0~25 m，一般厚度为 15 m，工程地质条件复杂程度属"复杂"。

⑥现状条件下矿山地质环境问题多，危害大。

⑦采空区面积和空间大，多层次开采，采动影响强烈。

⑧地貌类型属山地地貌类型，微地貌形态复杂，地形起伏变化大，地形坡度一般大于 35°，相对高差大。地貌类型复杂程度属"复杂"。

依据《矿山地质环境保护与恢复治理方案编制规范》（DZ/T 0223—2011）附录 C "地下开采矿山地质环境条件复杂程度分级表"中规定，评估区地质环境条件复杂程度为"复杂"。

（3）矿山生产建设规模

矿山开采类型属地下开采，矿井设计生产能力为 300 万 t/a。依据《矿山地质环境保护与恢复治理方案编制规范》（DZ/T 0223—2011）附录 D "矿山生产建设规模分类一览表"中规定，西铭矿矿山生产建设规模为"大型"。

（4）评估级别的确定

西铭矿地质环境条件复杂程度等级属于"复杂"，矿山生产建设规模为"大型"，评估区重要程度分级为"重要区"，依据《矿山地质环境保护与恢复治理方案编制规范》（DZ/T 0223—2011）附录 A "矿山地质环境影响评估分级表"中规定，确定本次矿山地质环境影响评估的级别为"一级"。

二、复垦区及复垦责任范围

1. 复垦区

复垦区指生产建设项目损毁土地和永久性建设用地构成的区域，根据土地损毁分析及预测结果，本项目复垦区包括永久性建设用地和损毁土地（已损毁土地和拟损毁土地）。确定本次复垦区面积 3382.60 hm²（其中万柏林区 2964.61 hm²，古交市 417.99 hm²）。

2. 复垦责任范围

西铭矿在服务期满闭坑后，风井场地进行拆除，纳入复垦责任范围，工业广场现状下已与城市融为一体，绝大部分地类属性为城市，闭坑后仍作为永久建设用地保留。

在复垦区扣除永久建设用地后，复垦责任范围面积为 3290.92 hm²（其中万柏林区2872.93 hm²，古交市 417.99 hm²），面积对比见表 4-1。

表 4-1　损毁土地面积汇总对比表

序号	名称	用地范围		面积（hm²）	
				小计	合计
1	矿井范围	采矿证拐点坐标范围		4217.01	4217.01
2	影响区	矿井范围		4217.01	4671.17
		矿界外工业广场		68.31	
		换证划出的晋祠泉域		87.75	
		矿界外的沉降影响范围		269.32	
		矿界外的矸石场		6.94	
		晋祠泉域与工业广场重叠		21.84	
3	已损毁土地	已压占土地	矸石场	2.38	3222.98
			风井场地	3.97	
			工业广场	91.68	
		沉陷已损毁土地		3124.95	
4	拟损毁土地	矸石场拟压占		4.56	2043.53
		沉陷拟损毁土地		2038.97	
5	永久性建设用地	工业广场		91.68	91.68

续表

序号	名称	用地范围	面积（hm²）	
			小计	合计
6	重复损毁面积	沉陷重复损毁	1883.91	1883.91
7	复垦区	沉陷已损毁＋拟损毁－重复损毁	3280.01	3382.60
		工业广场	91.68	
		风井场地	3.97	
		矸石场	6.94	
8	复垦责任范围	沉陷已损毁＋拟损毁－重复损毁	3280.01	3290.92
		风井场地	3.97	
		矸石场	6.94	

第二节　矿山地质环境影响现状评估

西铭矿地形切割强烈，形成了复杂的中低山地形地貌，采矿工程活动较多，通过地质灾害巡查和前期相关研究资料分析，进行了野外调查，发现区内主要地质灾害类型包括地裂缝、崩塌、滑坡等与地质作用相关的灾害和隐患，另针对西铭矿前期编制的矿山地质环境保护与恢复治理方案的泥石流进行现状分析。

一、地质灾害危险性现状评估

1. 地面塌陷地质灾害现状分析评估

西铭矿采用多层次的采煤方法，地面塌陷地裂缝是多层煤开采综合的结果。

矿区开采范围大，开采充分，形成了大面积的采空塌陷区。其中，东部早期开采形成的塌陷大部分地段已基本稳定，塌陷均已被修复或自然恢复，塌陷痕迹模糊，与周围正常地貌及植被生长情况无异，现已无法辨认；中西部由于可采煤层埋深较大，采用走向长壁式采煤方法，煤层采空塌陷在地表大多表现为挠曲、整体下沉、地裂缝等，调查仅发现 14 个明显的地面塌陷坑，零星分布于区内中西部，塌陷面积 24～20000 m²，塌陷深度 0.2～20 m，均为小型塌陷，详细统计见表 4-2。

（1）采空地面塌陷破坏村庄建筑物

煤层采空地面塌陷危害最大的是村庄建筑物，井田内位于采空区上的小卧龙村、后西岭村、马矢山村、莲叶塔村、东岭村等村庄，以及由小卧龙村搬迁到的卧龙山庄均受到采空地

表 4-2 西铭矿采煤塌陷调查统计表

编号	塌陷位置	塌陷规模			地下采空煤层情况				发育程度	危害对象	危害程度	地质环境影响程度
		长(m)	宽(m)	深(m)	面积(m²)	煤层编号	埋深(m)	深厚比				
DT-1	寨庄村 82°360 m	50	40	20	2000	8，9	10	4.65	强	森林	小	较轻
DT-2	店头村 75°750 m	100	60	5	6000	8	88	10.69	强	森林	小	较轻
DT-3	店头村 90°470 m	30	10	5	300	2，3	108	20.57	强	森林	小	较轻
DT-4	北头村 286°900 m	100	50	3	5000	8，9	25	5.81	强	森林	小	较轻
DT-5	小卧龙村 236°900 m	150	50	0.5	7500	2，8，9	190	18.60	强	森林	小	较轻
DT-6	小卧龙村 236°900 m	8	3	3	24	8，9	6	4.34	强	乡村道路	小	较轻
DT-7	卧龙山庄 245°670 m	100	80	5	8000	2	29	12.11	强	森林	小	较轻
DT-8	卧龙山庄 265°370 m	50	1.5	2	75	2，3，8	90	14.32	强	乡村道路	小	较轻
DT-9	后西岭村 235°360 m	100	50	8	5000	8，9	146	15.19	强	森林	小	较轻
DT-10	后西岭村 285°140 m	200	100	1	20000	8，9	98	11.47	强	森林	小	较轻
DT-11	马失山村 208°500 m	100	50	0.5	5000	3	250	45.75	强	104省道	中	严重
DT-12	新道村加油站 317°720 m	100	50	2	5000	2，8，9	220	20.92	强	森林	小	较轻
DT-13	小卧龙村 133°260 m	5	5	0.2	25	8	41	9.21	强	乡村道路	小	较轻
DT-14	新道村加油站 279°1.8 km	100	50	2	5000	2，8，9	266	24.49	强	森林	小	较轻
合计					68924							

面塌陷的影响，房屋出现不同程度的开裂、倾斜及坍塌，破坏房屋达 1440 余间，部分房屋开裂情况见图 4-1。如卧龙山庄南部地面塌陷发育程度强，导致房屋多处开裂、破坏，危害程度大、危险性大。调查区内受影响村庄大部分已搬迁，剩余村庄已基本无人居住，偶见有一两位老人逗留。

（2）采空地面塌陷破坏交通设施

在调查的 14 处明显地面塌陷中，有 4 处塌陷破坏省道和乡村道路，3 处塌陷威胁到县道和乡村道路，除 DT-11 危及 104 省道危害程度中等、危险性大外，其余 DT-8、DT-13、DT-6 塌陷破坏乡村道路，危害程度小、危险性中等；DT-9、DT-2、DT-4 塌陷破坏林地、距离乡村道路较近有一定的威胁，危害程度小，矿山地质环境影响程度"较严重～严重"。

①DT-11 塌陷

DT-11 塌陷为区内本次调查发现危害最大的地面塌陷，位于马矢山村西南 0.4 km 的 104 省道和通向王家庄村的交叉路上，下部 3 号煤层采空，采空区埋深 250 m，深厚比 45.75。塌陷为长 100 m，宽 50 m，深 0.1～0.5 m，为轴向近南北的长方形，塌陷面积 0.5 hm²，塌陷区公路开裂下陷，造成经济损失 100 万～500 万元。该塌陷发育程度强，危害程度中等，矿山地质环境影响程度"严重"。

②DT-8 塌陷

DT-8 塌陷位于卧龙小学西 0.15 km 的乡村道路拐弯处，下部 2、3、8 号煤层采空，采空区埋深 90 m，深厚比 14.32。塌陷为长 50 m，宽 1.0～1.5 m，深 0.1～2.0 m，轴向 200°的长方形，塌陷面积 75 m²，塌陷区道路开裂下陷，造成经济损失小于 100 万元。该塌陷发育程度强，危害程度小，矿山地质环境影响程度"较轻"。

③DT-13 塌陷

DT-13 塌陷位于小卧龙村东南的乡村道路拐弯处，下部 8 号煤层采空，采空区埋深 41 m，深厚比 9.21。塌陷为长 5 m，宽 5 m，深 0.2 m，塌陷面积 25 m²，塌陷区道路开裂下陷，造成经济损失小于 100 万元。该塌陷发育程度强，危害程度小，矿山地质环境影响程度"较轻"。

（3）采空地面塌陷破坏土地资源

在调查的 14 处明显地面塌陷中，有 10 处位于山区林地之中，除 DT-10 塌陷威胁到村庄、DT-7 塌陷威胁到附近养鸡场人畜、DT-9 威胁到 005 县道、DT-2 和 DT-4 威胁到乡村道路外，其余主要是破坏林地，造成水土流失、地质环境恶化，危害程度小，造成经济损失小于 100 万元，矿山地质环境影响程度"较轻"。

①DT-10 塌陷群

DT-10 塌陷群为区内本次调查发现范围最大的地面塌陷群，位于后西岭村西山坡，下部 8、9 号煤层采空，采空区埋深 98 m，深厚比 11.47。塌陷在长 200 m、宽 100 m，轴向 90°的长方形范围内分布着 5 个塌陷坑，坑口直径 0.3～0.8 m，坑深 0.2～1.0 m，塌陷区生长松树、灌木等，部分枯死，附近立有沉降警示牌，对附近后西岭村有潜在威胁。目前后西岭村已经搬迁，该塌陷危害程度小，造成经济损失小于100万元，矿山地质环境影响程度"较轻"。

②DT-7塌陷

DT-7塌陷为区内本次调查发现单个最大的地面塌陷，位于卧龙小学西南0.4 km的沟谷（万柏林区养鸡场）内，下部2号煤层采空，采空区埋深29 m，深厚比12.11。塌陷为长100 m，宽80 m，深5 m，轴向90°的长方形，塌陷面积8000 m²，周围地层为山西组。塌陷区及周围生长灌木，植被密，部分枯死，对附近养鸡场人畜有潜在威胁。危害程度小，造成经济损失小于100万元，矿山地质环境影响程度"较轻"。

③DT-9塌陷

DT-9塌陷位于后西岭村南0.2 km的005乡道边的山梁之上，下部8、9号煤层采空，采空区埋深146 m，深厚比15.19。塌陷为长100 m，宽50 m，深8 m，轴向近南北的长方形，塌陷面积5000 m²，塌陷区及周围生长松树、灌木等，部分枯死，见图4-2。危害程度小，造成经济损失小于100万元，矿山地质环境影响程度"较轻"。

图4-1 小卧龙新村部分房屋开裂情况

图4-2 DT-9塌陷

2. 地裂缝地质灾害现状分析评估

地裂缝是地表岩土在自然因素和人为因素作用下，产生开裂并在地面形成一定长度和宽度的裂缝的现象。地裂缝的特征主要表现在发育的方向性、延展性和危害程度的不均一性。经调查发现地裂缝30处，均为小型地裂缝，主要分布于区内中部Y37614300～Y37621000坐标线之间，其中后西岭村—大墕上村之间分布比较密集，部分地段呈多条组合分布。地裂缝由地下采煤活动形成，裂缝宽度、长度与地下煤层采空区深度、厚度、重复采动等有关，采空不仅导致上覆地面开裂，横向也可能波及岩层移动角外较远的距离。一般采空区上部地势平坦区裂缝较小，山顶、山坡等应力变化较大的地段裂缝较大，地裂缝调查统计情况见表4-3。

表 4-3 西铭矿地裂缝调查统计表

编号	地裂缝位置	地裂缝规模						地下采空煤层情况			危害对象	危害程度	地质环境影响程度
		长度(m)	宽度(m)	分布宽(m)	条数	深度(m)	规模等级	煤层编号	埋深(m)	深厚比	已有		
DL-1	店头村80°470 m	10	0.2~0.8		1	5	小	2,3	86	16.67	森林	小	较轻
DL-3	小卧龙村139°780 m	40	0.5		1	不见底	小	8,9	54	8.06	村间道路	小	较轻
DL-4	卧龙山庄334°580 m	5~20	0.1~0.5	10	7	5	小	2,8	78	13.07	森林	小	较轻
DL-5	化客头村81°500 m	3	0.5		1	2	小	8,9	35.48	5.60	碉堡	小	较轻
DL-6-1	后西岭村49°355 m	100	0.1~0.5	50	4	不见底	小	8,9	127	13.72	森林	小	较轻
DL-6-2	后西岭村22°355 m	100	0.5		1	不见底	小	8,9	63	8.75	简易道路	小	较轻
DL-7	小卧龙村225°1.4 km	200	0.3		1	1	小	2,8,9	264	24.34	森林	小	较轻
DL-8	卧龙山庄258°1.18 km	5~10	0.2~0.5	5	3	1.5	小	2,8,9	73	9.53	乡村道路	小	较轻
DL-9	大堎350°700 m	50~100	0.3~0.5	100	5	不见底	小	8,9	185	18.21	森林	小	较轻
DL-10	大堎36°400 m	50~100	0.2~0.5	50	4	不见底	小	2	126	49.28	乡村道路	小	较轻
DL-11	后西岭村239°500 m	100	1		1	5	小	8	75	12.76	乡村道路	小	较轻
DL-12-1	后西岭村235°360 m	80~100	0.3~0.5	50	3	10	小	8,9	164	16.58	乡村道路	小	较轻
DL-12-2	后西岭村291°400 m	70	0.2	100	5	5	小	8,9	116	12.86	森林	小	较轻
DL-13	后西岭村3°110 m	5~50	0.05~0.1	100	7	1	小	8	200	25.79	乡村道路	小	较轻
DL-15	新道村加油站307°1.5 km	10~50	0.1~0.2	20	4	不见底	小	2	138	53.87	森林	小	较轻
DL-16	后西岭村211°885 m	5	0.1	3	3	2	小	2	139	54.26	乡村道路	小	较轻
DL-17	新道村加油站291°1.45 km	100	0.3		1	不见底	小	2,8,9	192	18.75	森林	小	较轻

续表

编号	地裂缝位置	地裂缝规模					规模等级	地下采空煤层情况			危害对象	危害程度	地质环境影响程度
		长度(m)	宽度(m)	分布宽(m)	条数	深度(m)		煤层编号	埋深(m)	深厚比	已有		
DL-18	新道村加油站317°720 m	100	0.1~0.2		1	不见底	小	2、8、9	210	20.15	森林	小	较轻
DL-19	莲叶塔村162°784 m	50	0.1~0.3		1	5	小	2、8、9	358	31.62	森林	小	较轻
DL-20	卧龙山庄184°850 m	10	0.2		1	0.3	小	2、8、9	117	12.94	森林	小	较轻
DL-21	卧龙山庄176°920 m	10~15	0.2~1	5	5	3	小	2、8、9	93	11.08	森林	小	较轻
DL-22	卧龙山庄163°1.3 km	10	0.1~0.3	5	3	不见底	小	2、3	5	4.26	森林	小	较轻
DL-23	卧龙山庄155°1.23 km	15	0.2		1	5	小	8、9	29.48	4.77	森林	小	较轻
DL-24	莲叶塔村66°630 m	50~80	0.2~0.3	20	2	5	小	2、8	214	27.25	森林	小	较轻
DL-25	后西岭村192°1 km	10	0.5		1	2	小	2、8	158	21.41	森林	小	较轻
DL-26-1	新道村加油站279°1.95 km	100	0.3		1	不见底	小	2、8、9	314	28.21	简易道路	小	较轻
DL-26-2	新道村加油站273°1.95 km	50~100	0.1~0.3	20	3	不见底	小	2	312	120.54	简易道路	小	较轻
DL-27	新道村加油站279°1.8 km	10~60	0.3~1.5	20	3	2	小	2、8、9	276	25.27	森林	小	较轻
DL-28	新道村加油站272°1.05 km	75	0.1~0.5		1	2	小	2、8、9	161	16.35	村间道路	小	较轻
DL-29	莲叶塔村116°780 m	5~80	0.1~0.3	50	6	5	小	2、8、9	212	20.30	森林	小	较轻
DL-30	后西岭村150°500 m	40~70	0.05~0.2	40	4	不见底	中	2、8、9	300	4.10	河床、电线铁塔	中	严重

①DL-13 地裂缝

DL-13 地裂缝为区内本次调查发现危害最大的地裂缝，位于后西岭村内 005 乡道附近，下部 8 号煤层采空，采空区埋深 200 m，深厚比 25.79。为地裂缝群，100 m 内有 7 条地裂缝，分两组，一组东西向，另一组南北向，延伸长 5～50 m，裂缝宽 0.05～0.1 m，深 1 m，切断道路，水泥路面鼓起，见图 4-3。该村已几乎无人居住，造成经济损失小于 100 万元。该地裂缝规模小，危害程度小，矿山地质环境影响程度"较轻"。

②DL-12-1 地裂缝

DL-12-1 地裂缝为区内本次调查发现近期治理的地裂缝，位于后西岭村南 0.2 km 的 005 乡道附近，下部 8、9 号煤层采空，采空区埋深 164 m，深厚比 16.58。为地裂缝群，50 m 内有 3 条地裂缝，平行排列，走向 10°，倾向 280°，倾角 80°，延伸长 80～100 m，裂缝宽 0.3～0.5 m，深 10 m，切断道路，目前已治理修复，但仍有裂纹，说明地下采空区还未彻底稳定，造成经济损失小于 100 万元。该地裂缝规模小，危害程度小，矿山地质环境影响程度"较轻"。

③DL-18 地裂缝

DL-18 地裂缝位于后新道村北 1.1 km 山梁上的高压线塔（35 kV）下方，下部 2、8、9 号煤层采空，采空区埋深 210 m，深厚比 20.15。地裂缝走向 90°，直立，延伸长 100 m，裂缝宽 0.1～0.2 m，深不见底，对高压线塔有潜在威胁，造成经济损失小于 100 万元。该地裂缝规模小，危害程度小，矿山地质环境影响程度"较轻"。

④DL-26-2 地裂缝

DL-26-2 地裂缝位于磺厂风井东南 1.1 km 山梁上的村间简易道路附近，下部 2 号煤层采空，采空区埋深 312 m，深厚比 120.54。为地裂缝群，20 m 内有 3 条地裂缝，平行排列，走向 20°～50°，倾向北西，倾角 80°，延伸长 50～100 m，裂缝宽 0.1～0.3 m，深不见底，切断道路，造成经济损失小于 100 万元。该地裂缝规模小，危害程度小，矿山地质环境影响程度"较轻"。

⑤DL-26-1 地裂缝

DL-26-1 地裂缝位于磺厂风井东南 1 km 山梁上的村间简易道路边，下部 2、8、9 号煤层采空，采空区埋深 314 m，深厚比 28.21。地裂缝走向 0°，延伸长 100 m，裂缝宽 0.3 m，深不见底，损坏道路，造成经济损失小于 100 万元。该地裂缝规模小，危害程度小，矿山地质环境影响程度"较轻"。

⑥DL-28 地裂缝

DL-28 地裂缝位于新道村西北 0.8 km 山梁村间道路附近，下部 2、8、9 号煤层采空，采空区埋深 161 m，深厚比 16.35。地裂缝走向 80°，近直立，延伸长 75 m，宽 0.1～0.5 m，深 2 m，切断道路，见图 4-4，造成经济损失小于 100 万元。该地裂缝规模小，危害程度小，矿山地质环境影响程度"较轻"。

⑦DL-9 地裂缝

DL-9 地裂缝为区内本次调查发现规模最大的地裂缝组，位于大垴村 350°方向 0.7 km 的山坡之上，下部 8、9 号煤层采空，采空区埋深 185 m，深厚比 18.21。地裂缝在 100 m 内分布 5 条，走向 0°，平行排列，延伸长 50～100 m，呈折线形，裂缝宽 0.3～0.5 m，深不见底，造成经济损失小于 100 万元。该地裂缝规模小，危害程度小，矿山地质环境影响程度"较轻"。

⑧DL-30 地裂缝

DL-30 地裂缝位于磺厂沟风井西南侧约 230 m，标高 1371～1386 m，据矿方提供资料，此裂缝形成于 2014—2015 年，经过矿方简易监测，此裂缝 2016 年后半年基本处于稳定状态不再发展，主体塌陷面积 0.19 hm²，伴随东西向沿山脊南侧发育的狭长裂缝约 80 m，宽 5～20 cm，局部错台高约 15 cm，南侧山坡法向较低，主要塌陷区由 4 条主要的近南北向地裂缝构成，总体上横切山脊。

此地裂缝发育处主要地貌为草地，其中 DL-30-1 号裂缝向北延伸至山脊北侧柏树林地，此地裂缝发育说明下伏基岩开裂情况严重，损毁程度严重，可能导致南侧山坡形成滚石，沿南坡滚落至沟底人工河道，造成破坏，危害程度中等，造成经济损失 100 万～500 万元，矿山地质环境影响程度"严重"。

图 4-3　DL-13 地裂缝

图 4-4　DL-28 地裂缝

3. 崩塌地质灾害现状分析评估

西铭矿崩塌点多发生在陡峻山坡上，岩块和土体在重力、采空地面变形影响和其他外力作用下，发生急剧的倾落运动，评估区范围内调查发现，七里沟崩塌点集中区（19 处崩塌）和 23 处零星分布崩塌点，共计 42 处崩塌点，多分布于沟谷两侧陡崖之上，区内东南部分布较多。

七里沟崩塌点集中区位于西铭矿工业广场西侧，玉门沟汇水支流，出露有完整的华北煤系地层，是重要的地质实习基地。历史上因煤层出露，小窑开采及矸石堆放严重，集中形成了岩质崩塌破坏区，经过 2016—2019 年山西省实施的《山西省采煤沉陷区综合治理太原市山西西山煤电股份有限公司西铭矿地质环境治理试点项目》，现状已治理完毕。

除崩塌 BT-21 为土质崩塌体外，其余均为岩质崩塌。崩塌多发生在大于 60°的斜坡上，主要为地下煤层采空塌陷导致岩体开裂，在强降雨诱发和重力卸荷引力作用下边坡失稳产生崩塌；其次为人工修路、采石开挖边坡，或暴雨洪水冲刷沟谷凹岸，导致坡角处失去支撑形成崩塌。井田内崩塌规模较小，均为中、小型崩塌。

井田内部分村庄、工业广场等建筑虽然分布于山谷阶地与山坡坡脚之间，但是都留有一定的安全距离，并且多为岩质边坡，局部为土质边坡，坡度较小，稳定性好，未发现崩塌灾害发育迹象。BT-21 崩塌为地基塌陷破坏窑洞导致的人工夯土崩塌，其他崩塌灾害主要是破坏和危及 104 省道（BT-4）、堵塞沟谷水渠（BT-15、BT-14）、阻断和损坏公路（BT-8、BT-16、BT-11），对输电线路（BT-9、BT-3）和采石场（BT-20）造成一定的威胁；其余是破坏林地、草地，对地形地貌景观造成一定的破坏，调查统计情况见表 4-4。

表 4-4　西铭矿崩塌点调查统计表

编号	崩塌位置	危岩体					堆积体					地下采空煤层情况				危害对象	危害程度	地质环境影响程度
		长(m)	宽(m)	厚度(m)	体积(m³)	稳定程度	长(m)	宽度(m)	厚度(m)	体积(m³)	规模等级	煤层编号	埋深(m)	深厚比	发育程度			
BT-1	店头村234°1.1 km²52县道南侧	20	45	5	3000	较稳定	20	45	2	1800	小	8,9	39.48	6.15	中	草地	小	较轻
BT-2	小卧龙村118°670 m	60	100	10	40000	较稳定	10	100	2	2000	中	2,8,9	60	8.52	中	森林	小	较轻
BT-3	北头村209°950 m	30	100	5	15000	不稳定	30	100	2	6000	中	8,9	89.48	13.04	强	输电线路	小	较轻
BT-4	卧龙山庄187°720 m	7	125	2	1750	不稳定	1	125	0.5	62.5	小	2,8,9	120	13.17	强	省道	小	较轻
BT-5	前西岭村128°370 m	100	80	1	4000	较稳定	80	80	2	12800	小	8,9	35	6.58	中	森林	小	较轻
BT-6-1	小卧龙村211°500 m	55	100	5	25000	不稳定	30	100	5	15000	中	8,9	67	9.06	强	森林	小	较轻
BT-6-2	小卧龙村211°620 m	60	100	6	30000	不稳定	15	100	6	9000	中	2,8,9	69	9.22	强	森林	小	较轻
BT-6-3	小卧龙村211°650 m	55	80	3	12000	不稳定	10	80	5	4000	中	2,8,9	70	9.30	强	森林	小	较轻
BT-7	小卧龙村208°700 m	30	150	2	7500	不稳定	20	150	3	9000	小	2,8,9	65	8.91	强	森林	小	较轻
BT-8	卧龙山庄0°360 m	80	300	3	72000	不稳定	3	300	2	1200	中	2,3 8,9	68	9.14	强	简易公路	小	较严重

续表

编号	崩塌位置	危岩体					堆积体				规模等级	地下采空煤层情况			发育程度	危害对象	危害程度	地质环境影响程度
		长(m)	宽(m)	厚度(m)	体积(m³)	稳定程度	长(m)	宽(m)	厚度(m)	体积(m³)		煤层编号	埋深(m)	深厚比				
BT-9	大卧龙村 0°100 m	40	100	5	20000	不稳定	30	100	3	9000	中	8,9	14.48	2.71	强	输电线路	小	较轻
BT-10	马矢山村 65°860 m	10	10	2	200	不稳定	10	10	4	400	小	8	198	25.58	强	草地	小	较轻
BT-11	新道村加油站 324°1.45 km	15	50	1	12000	不稳定	2	50	1	24000	小	2,8,9	142	14.88	强	公路	小	较严重
BT-13	后西岭村 208°1.25 km	50	100	5	25000	不稳定	5	100	3	1500	中	2,8,9	72	9.45	强	森林	小	较轻
BT-14	后西岭村 151°1.15 km	80	50	6	24000	不稳定	30	50	10	15000	中	2,3 8,9	53	7.98	强	水渠	中	严重
BT-15	后叶塔村 134°1.3 km	50	150	5	37500	不稳定	20	200	5	20000	中	2,8,9	64	8.83	强	水渠	中	严重
BT-16	莲叶塔村 90°100 m	55	80	3	12000	较稳定	30	80	10	24000	中	2,9	232	21.85	强	简易公路	小	较轻
BT-17	店头村 30°450 m	15	50	1	375	不稳定	5	50	1	250	小	8,9	11	4.72	强	森林	小	较轻
BT-18	化客头加油站 244°200 m	85	400	3	102000	不稳定	5	400	3	6000	大	8,9	49.48	7.53	强	森林	小	较轻
BT-19	大卧龙村 190°480 m	30	200	5	20000	不稳定	10	200	5	10000	中	8,9	29.48	4.77	强	森林	小	较轻
BT-20	大卧龙村 46°550 m	50	110	5	26400	不稳定	5	110	3	1650	中	—	—	—	强	采石场	小	较轻

续表

编号	崩塌位置	危岩体 长(m)	危岩体 宽(m)	危岩体 厚度(m)	危岩体 体积(m³)	危岩体 稳定程度	堆积体 长(m)	堆积体 宽度(m)	堆积体 厚度(m)	堆积体 体积(m³)	堆积体 规模等级	地下采空煤层情况 煤层编号	地下采空煤层情况 埋深(m)	地下采空煤层情况 深厚比	发育程度	危害对象	危害程度	地质环境影响程度
BT-21	卧龙山庄内	5.5	17	2	170	不稳定	3	17	2	102	小	2,3,8	100	15.36	强	村庄	中	较严重
BT-22	大虎沟第十一小学	80	80	22	1660	不稳定	30	20	0.5	30	中	—	—	—	强	学校	高	严重
BT-M1	七里沟崩塌集中区	21	6	1	100	较稳定	10	1	1	10	小	8	55	14	强	行人	小	较轻
BT-M2	七里沟崩塌集中区	21	6	7	1200	不稳定	20	10	10	3040	大	8	50	13	强	行人	小	较轻
BT-MQ1	七里沟崩塌集中区	200	4	4	2850	不稳定	200	3	15	7980	大	8	45	12.8	强	行人	中	较轻
BT-Q1	七里沟崩塌集中区	190	4	3	1120	较稳定	150	4	2	3150	中	8	40	10	强	行人	小	较轻
BT-Q2	七里沟崩塌集中区	70	16	1	210	较稳定	60	1	1	45	小	8	50	12.5	中	行人	小	较轻
BT-Q3	七里沟崩塌集中区	30	7	1	60	较稳定	20	1	0.5	10	小	8	50	12.5	中	行人	小	较轻
BT-Q4	七里沟崩塌集中区	10	6	1	225	较稳定	10	2	3	80	小	8	55	13.9	强	行人	小	较轻
BT-Q5	七里沟崩塌集中区	35	9	3	30	较稳定	30	2	3	180	小	8	45	11.7	强	行人	小	较轻
BT-Q6	七里沟崩塌集中区	10.5	6	2	180	较稳定	10	2	3	450	中	8	52	12.9	强	行人	小	较轻

续表

编号	崩塌位置	危岩体					堆积体				规模等级	地下采空煤层情况			发育程度	危害对象	危害程度	地质环境影响程度
		长(m)	宽(m)	厚度(m)	体积(m³)	稳定程度	长(m)	宽度(m)	厚度(m)	体积(m³)		煤层编号	埋深(m)	深厚比				
BT-QT1	七里沟崩塌集中区	60	9	15	5400	不稳定	55	15	12	24000	大	8	52	12.7	强	行人	强	较轻
BT-T1	七里沟崩塌集中区	270	40	1	120	较稳定	200	2	1	200	小	8	38	9.4	强	行人	小	较轻
BT-T2	七里沟崩塌集中区	30	4	1	75	较稳定	10	2	2	30	小	8	30	8.0	中	行人	小	较轻
BT-TB1	七里沟崩塌集中区	15	10	6	1800	较稳定	15	10	5	9000	大	8	20	5.0	强	行人	强	较轻
BT-B1	七里沟崩塌集中区	100	30	1	625	较稳定	80	2	2	120	小	—	—	—	强	行人	小	较轻
BT-B2	七里沟崩塌集中区	125	5	0.5	50	较稳定	10	1	1	10	小	—	—	—	小	行人	小	较轻
BT-B3	七里沟崩塌集中区	45	5	0.5	30	较稳定	10	1	1	10	小	—	—	—	小	行人	小	较轻
BT-B4	七里沟崩塌集中区	27	3.5	1	90	较稳定	20	2	1	200	小	—	—	—	强	行人	小	较轻
BT-B5	七里沟崩塌集中区	45	8	1	20	较稳定	8	1	3	15	小	—	—	—	强	行人	小	较轻
BT-B6	七里沟崩塌集中区	15	4	8	540	较稳定	15	4	5	1440	中	—	—	—	强	行人	中	较轻

（1）七里沟崩塌点集中治理区

七里沟采矿历史悠久，位于西铭矿工业广场西北部山坡，地形山主要由毛儿沟、七里沟、炭窑沟和北沟 4 条山沟切割，存在大量地质剖面，主要有较全面的华北煤系地层，常作为高校地质专业实习教学点，经过长年矿山开采，多数开挖断面存在人身伤害危险，太原市政府及西铭矿通过山西省采煤沉陷区专项治理项目将七里沟纳入治理范围内，已于 2017—2019 年完成全部治理工程。

现在已治理完毕，典型的治理对比照片见图 4-5 ~ 图 4-9。

（a）治理前（2018年4月）　　　　　　　　（b）治理后（2020年4月）

图 4-5　矸石边坡治理对比

（a）治理前（2018年4月）　　　　　　　　（b）治理后（2020年4月）

图 4-6　崩塌治理对比

（2）BT-4 崩塌

BT-4 崩塌位于卧龙山庄 187°720 m 104 省道转弯处西侧，下部 2、8、9 号煤层采空，采空区埋深 120 m，深厚比 13.17。崩塌坡高 4 ~ 12 m，坡长 5 ~ 15 m，坡宽 125 m，坡度65°~ 75°，坡体为 P_1x 浅绿黄色厚层状砂岩夹灰—黑灰色泥岩，垂直裂隙较发育，较破碎，全风化带深度达 1 ~ 3 m，危岩体厚 2 m，危岩体积 1750 m³；坡底散落堆积 62.5 m³，南部堆积

（a）治理前（2018年4月）　　　　　　（b）治理后（2020年4月）

图 4-7　崩落物治理对比

（a）治理中（2019年5月）　　　　　　（b）治理后（2020年4月）

图 4-8　道路治理对比

（a）治理前（2017年11月）　　　　　　（b）治理后（2020年3月）

图 4-9　沟谷道路、排水沟及两侧治理前后对比

体最大块度可达 $1 \times 2 \times 1.5$ m³ 的巨石。

该崩塌发生于 2017 年七八月，为坡体下部泥岩经长期风化剥落，导致上部厚层砂岩临空，在重力荷载引力作用下形成的小型崩塌，危岩不稳定。崩塌摧毁石砌挡墙，危及 104 省道行车安全，危害程度小，二次调查发现已由公路部门清理修复，造成的经济损失小于 100 万元，矿山地质环境影响程度"较轻"。

（3）BT-8 崩塌

BT-8 崩塌位于卧龙山庄北 0.25 km，下部 2、3、8、9 号煤层采空，采空区埋深 68 m，深厚比 9.14。崩塌坡高 50 m，坡长 80 m，坡宽 300 m，坡度 60°，坡体上部为 P_1s 砂岩，坡体下部为 C_3t 泥岩夹砂岩、石灰岩。坡面岩体裂隙较发育，较破碎，全风化带深度达 3 ~ 5 m，危岩体厚 1 ~ 5 m，危岩体积 72000 m³；坡底散落堆积 1200 m³。该崩塌为近期形成，属中型崩塌，危岩不稳定，危及阻断下部简易公路、破坏地形地貌景观。该崩塌危害程度小，矿山地质环境影响程度"较严重"。

（4）BT-11 崩塌

BT-11 崩塌位于胡沙帽风井西偏南 0.85 km 的村间水泥道路边，下部 2、8、9 号煤层采空，采空区埋深 142 m，深厚比 14.88。崩塌坡高 10 m，坡长 15 m，坡宽 50 m，坡度 60°，坡体为 P_2s^1 砂岩、泥岩。坡面岩体裂隙较发育，破碎，全风化带深度 3 ~ 5 m，危岩体厚 1 ~ 5 m，危岩体积 12000 m³；坡底散落堆积 24000 m³。该崩塌为近期修路开挖边坡导致边坡失稳形成，属小型崩塌，目前大多已经清理，但仍有岩块在不断垮落，发育程度强，对行人和车辆安全造成一定的危害，破坏地形地貌景观，造成的经济损失小于 100 万元。该崩塌危害程度小，矿山地质环境影响程度"较严重"。

（5）BT-14 崩塌

BT-14 崩塌位于磺厂风井西南 0.6 km 沟西侧，下部 2、3、8、9 号煤层采空，采空区埋深 53 m，深厚比 7.98。崩塌坡高 50 m，坡长 80 m，坡宽 50 m，坡度 60° ~ 70°，坡体为 P_1x 砂岩、泥岩。坡面岩体裂隙较发育，较破碎，全风化带深度达 3 ~ 5 m，危岩体厚 5 ~ 10 m，危岩体积 24000 m³；坡底散落堆积 15000 m³，堆积体中可见最大块度可达 $4 \times 3 \times 3$ m³ 的巨石。该崩塌为近期形成，属中型崩塌，危岩不稳定。

崩塌导致下部沟内排水渠底鼓开裂、边帮损坏，基本丧失排水功能；也可能是煤层采空塌陷波及地表。该水渠为近年来修建的沟谷防渗渠，此又破坏造成雨季洪水顺着排水沟往下渗入，危害矿上的安全生产。该崩塌危害程度中等，造成的经济损失小于 100 万元，矿山地质环境影响程度"严重"。

（6）BT-15 崩塌

BT-15 崩塌为本次调查发现区内灾害较大的崩塌，位于磺厂风井南 0.3 km 沟东侧，下部 2、8、9 号煤层采空，采空区埋深 64 m，深厚比 8.83。崩塌坡高 50 m，坡长 50 m，坡宽 150 m，坡度 70°，坡体为 P_1x 砂岩、泥岩。坡面岩体裂隙较发育，较破碎，全风化带深度 3 m，危岩体厚 1 ~ 8 m，危岩体积 37500 m³；坡底散落堆积 20000 m³。该崩塌为近期形成，属中型崩塌，危岩不稳定。崩塌堆积物堵塞下部沟内排水渠，并导致排水渠边帮损坏。该水渠为近年来修建的沟谷防渗渠，此又破坏造成雨季洪水渗入井下，危及井下安全生产。该崩塌危害程度中等，造成的经济损失小于 100 万元，矿山地质环境影响程度

"严重"，见图4-10。

（7）BT-16崩塌

BT-16崩塌位于莲叶塔村东0.1 km的村间简易道路边，下部2、9号煤层采空，采空区埋深232 m，深厚比21.85。崩塌坡高50 m，坡长55 m，坡宽80 m，坡度40°~55°，坡体为P_2s^1砂岩、泥岩。坡面岩体裂隙较发育，破碎，全风化带深度3~5 m，危岩体厚1~5 m，危岩体积12000 m^3，坡底散落堆积24000 m^3，属中型崩塌。该崩塌为近期修路开挖边坡导致边坡失稳形成，目前大多已经清理，但仍有岩块在不断垮落，对行人和车辆安全造成一定的危害。该崩塌危害程度小，造成的经济损失小于100万元，矿山地质环境影响程度"较轻"。

（8）BT-20崩塌

BT-20崩塌位于北头村南0.6 km，为狮头水泥厂的采石场西边坡，坡高48 m，坡长50 m，坡宽110 m，坡度70°~85°，坡体为C_2b砂岩、泥岩。坡面岩体裂隙较发育，较破碎，全风化带深度3~5 m，危岩体厚1~8 m，可见块度可达6×10×3 m^3的巨石危岩。危岩体积26400 m^3；坡底散落堆积1650 m^3，属中型崩塌，坡底基岩为O_2石灰岩，为水泥原料石。该崩塌为近期水泥厂开采形成的，对下部O_2石灰岩开采造成一定的威胁。该崩塌危害程度小，造成的经济损失小于100万元，矿山地质环境影响程度"较轻"。

（9）BT-21崩塌

BT-21崩塌位于卧龙山庄南侧东面，下部2、3、8号煤层采空，采空区埋深100 m，深厚比15.36。崩塌坡高5 m，坡长5.5 m，坡宽17 m，坡度75°，坡体为Q_4人工石砌窑洞和垫积黄土，较密实，危岩体厚2 m，危岩体积170 m^3；坡底散落堆积102 m^3。该崩塌为2012年八九月间形成，属小型崩塌，危岩不稳定。崩塌导致3孔窑洞坍塌，西侧3孔窑洞也出现裂缝；为煤层采空塌陷破坏了下水管道，居民污水顺着裂缝下渗，地基不均衡下沉导致窑洞体崩塌，崩塌物波及104省道，危及附近居民及公路行车安全。该崩塌危害程度中等，造成的经济损失小于100万元，矿山地质环境影响程度"较严重"，见图4-11。

图4-10　BT-15崩塌

图4-11　BT-21崩塌

（10）BT-22 崩塌

BT-22 崩塌隐患点北距 104 省道直线距离约 430 m，南距大虎沟街直线距离约 210 m，西山第十一小学东侧坡。

该处崩塌隐患点为岩质边坡。坡体上部为垃圾等杂填，杂填厚度 1～2 m，坡体岩性主要为砂岩，坡体底部夹含强风化泥岩层。该坡为两级坡，整体坡宽约 80 m，整体坡高约 22 m，综合坡度 39°～54°，综合坡向约 298°。

4. 滑坡地质灾害现状分析评估

评估区内山体较稳定，滑坡点零星分布于中东部，滑坡尚未造成人员伤亡和重大经济损失，除 HP-8 滑坡危害程度中等，矿山地质环境影响程度"严重"外，其余滑坡危害程度小，矿山地质环境影响程度"较严重"。统计情况见表 4-5。

（1）HP-3 滑坡

HP-3 滑坡位于店头村南 0.65 km 沟东斜坡 252 县道之上。下部 2、8 号煤层采空，采空区埋深 170 m，深厚比 6.71。滑坡围岩中上部为 P_1x 砂岩、泥岩，下部为 P_1s 砂岩、泥岩夹煤层；滑坡呈不规则长方形，后壁明显、高 5～10 m，侧缘可见张裂缝，滑体长 100 m，宽 190 m，厚 3～10 m，体积 13.3 万 m^3，为中型滑坡。该滑坡可能为顺层滑坡，滑面为煤层底板软弱结构面，滑坡前缘局部遭到破坏，不稳定。252 县道修建在滑坡体下方，存在一定的威胁，综合评估危害程度中，矿山地质环境影响程度"较严重"。

（2）HP-4 滑坡

HP-4 滑坡位于店头村南 0.85 km 沟东斜坡 252 县道之上。下部 8 号煤层采空，采空区埋深 50 m，深厚比 1.27。滑坡围岩中上部为 P_1x 砂岩、泥岩，下部为 P_1s 砂岩、泥岩夹煤层；滑坡呈半圆形，后壁明显、高 10～20 m，侧缘可见张裂缝，滑体长 50.5 m，宽 115 m，厚 10～20 m，体积 29037.5 m^3，为中型滑坡。该滑坡也可能为顺层滑坡，滑面为煤层底板软弱结构面。原来的 252 县道修建在滑坡体上，被滑坡滑动破坏废弃，目前该滑坡已处于休止阶段，较稳定；现在的 252 县道改在滑坡体下方，留有一定的安全距离，滑坡前缘局部遭到破坏，致使存在一定的威胁。综合评价该滑坡危害程度中，矿山地质环境影响程度"较严重"。

（3）HP-8 滑坡

HP-8 滑坡位于磺厂沟风井西北约 200 m，坡底有磺厂沟风井对外大车道及排水管涵，底标高 1200 m，顶标高 1325 m，高差约 125 m，平面形态呈典型的圈椅状，后缘拉裂陡壁、北侧错动断裂、南侧山坳和东侧磺厂沟底为边界，其东西长 200～230 m，南北宽约 155 m，平面投影面积约 2.9 hm^2，滑坡总体情况见图 4-12。

HP-8 滑坡主滑方向 90°，滑坡后壁倾角约 76°，滑坡体坡度 30°～33°，滑坡前缘坡度 5°～8°，滑体组成以岩石碎块为主，滑坡前缘以黄土包裹碎石为主，较大的岩石碎块集中分布于中下部，最大石块体积 1～2 m^3，石块堆积物详见图 4-12。

滑坡后缘裸露下石盒子组上段 K_7 中粗砂岩，灰绿色巨厚层水平状，近竖向不稳定交错节理裂隙面较发育，钙质胶结，易崩塌为锥状巨大岩石碎块，造成的经济损失大于 500 万元，矿山地质环境影响程度"严重"。

表 4-5 西铭矿滑坡调查统计表

编号	滑坡位置	滑坡规模						地下采空煤层情况			发育程度	危害对象	危害程度	地质环境影响程度
		长(m)	宽(m)	面积(hm²)	厚度(m)	体积(m³)	规模等级	煤层编号	埋深(m)	深厚比				
HP-1	寨庄村 57° 450 m	100	100	1	5	50000	小型	8, 9	690	10.28	中	森林	小	较轻
HP-3	店头村 200° 800 m	100	190	1.9	3~10	133000	中型	2, 8	170	6.71	强	乡村道路	中	较严重
HP-4	店头村 173° 1 km	50.5	115	0.5808	5	29037.5	中型	8	50	1.27	中	乡村道路	中	较严重
HP-5	小卧龙村 211° 500 m	150	50	0.75	10	75000	小型	8, 9	47	7.51	弱	森林	小	较轻
HP-6	小卧龙村 208° 700 m	80	40	0.32	20	64000	小型	2, 8, 9	76	9.76	弱	森林	小	较轻
HP-7	后西岭村 288° 470 m	50	150	0.75	2	15000	小型	8, 9	68	9.14	强	森林	小	较轻
HP-8	后西岭村 96° 710 m	230	155	2.9	22.5	1080000	大型	2, 8, 9	300	4.10	强	乡村道路	中	严重
HP-8-1	后西岭村 100° 20 m	200	100	1.69	15	300000	中型	2, 8, 9	300	4.10	弱	乡村道路	小	较严重
HP-9	卧龙山庄 238° 1.2 km	50	30	0.15	10	15000	小型	2	570	22.84	弱	森林	小	较轻
HP-11	大虎沟街三岔口 22° 270 m	10	20	0.02	1	200	小型	8, 9	144.8	2.71	强	乡村道路	小	较轻
HP-13-1	后西岭村 123° 1.1 km	80	50	0.4	10	40000	中型	8, 9	660	8.99	强	森林	小	较轻
HP-13-2	后西岭村 123° 1.1 km	100	200	2	20	400000	中型	2389	600	8.52	中	电力线塔	小	较严重
HP-15	店头村 200° 400 m	250	100	2.5	2	50000	小型	8	604.8	15.97	强	森林	小	较轻
HP-16	大卧龙村 45° 850 m	80	100	0.8	15	120000	中型	—	—	—	中	森林	小	较轻
HP-17	大卧龙村 50° 950 m	50	100	0.5	10	50000	小型	—	—	—	中	森林	小	较轻

（a）HP-8滑坡总体情况（镜向北）　　　　（b）HP-8滑坡中部石块堆积物

图4-12　HP-8 滑坡

（4）HP-8-1 滑坡

HP-8-1 滑坡紧邻 HP-8 滑坡南侧，底标高 1210 m，后缘顶标高 1320 m，高差 110 m，平面形态呈舌状，该滑坡最后缘裂缝与 HP-8 滑坡后缘裂缝基本平行，北侧至 HP-8 滑坡南侧边界，南侧至南山坡，底部至磺厂沟，其东西长约 200 m，南北宽约 100 m，平面投影面积约 1.69 hm²。

HP-8-1 为潜在滑坡，后缘有深大拉张地裂缝，后缘近平行 3 道近南北向塌陷裂缝，裂缝内岩土体陷落，两侧陡峭，整体向滑动方向倾斜。HP-8-1 滑坡潜在滑动方向 78°，滑坡后缘裂缝区坡度 23°，中下部坡度 38°，滑坡后缘裸露下石盒子组上段 K_7 中粗砂岩，灰绿色巨厚层水平状，近竖向交错节理裂隙面较发育，钙质胶结，经济损失 100 万～500 万元，矿山地质环境影响程度"较严重"。

（5）HP-13-2 滑坡

HP-13-2 滑坡点位于磺厂沟风井西南约 30 m，坡底有磺厂沟风井地下排水管涵，底标高 1230 m，后缘顶标高 1310 m，高差约 80 m，平面形态呈圈椅状，后缘拉裂缝陡壁、西北侧错动陡壁、西南侧错动陡壁和东侧人工排水管涵、电线铁塔为边界，其东西长约 120 m，南北宽约 120 m，平面投影面积约 1.19 hm²。

5. 泥石流地质灾害现状分析评估

西铭矿前期矿山地质环境保护与恢复治理方案中对玉门沟泥石流地质灾害进行了评估，从汇水地形、降雨条件、威胁对象等方面，评估认为地质灾害危险性中等，本次评估编号 N1。玉门沟泥石流被太原市国土局万柏林分局划为泥石流地质灾害重点防治区，见图4-13，1996 年 8 月 4 日曾发生泥石流灾害。

玉门沟位于西铭矿工业广场的南侧，玉门沟整个汇水区域为一长条形，支沟较为发育，整体呈树枝状分布，泥石流发生时具有典型的形成区、流通区及堆积区，整个地势西高东低。沟域最高点位于矿区西侧，高程约 1700 m，最低点位于矿区东侧，高程 1060 m，高差

图 4-13　玉门沟泥石流警示牌及避险标志牌

约 600 m。沟体总体为 U 形地貌，各沟谷较为狭窄，坡岸以陡峭山坡为主，一般坡度 50°~70°，局部区域为陡峭的悬崖。岸坡大多被灌木所覆盖。堆积区域较为开阔。现场情况见图 4-14 ~ 图 4-17。

　　西铭矿工业广场南侧玉门沟泥石流地质灾害区域部分超出井田范围，三岔口向上区域主要有两条支流汇水区，其中井儿沟主要位于杜儿坪矿井田范围内，已列入山西省采煤沉陷区专项治理项目进行评估、治理，本方案仅考虑其汇水面积而不再评估工程量布置，故本次评估自三岔口向下游区域，见图 4-14 和图 4-15。

图 4-14　N1 泥石流三岔口段汇水区概览

图 4-15　N1 泥石流工业广场段汇水流通区概览

　　由于该沟有煤层露头，历史上乱挖乱掘现象较为猖獗，小煤矿较多，流通区河道受人为改造较大，沟内堆积有大量碎屑，河道堵塞严重，局部地段河道阻断严重，具有泥石流产生的充足物源，矿方为避开最大的玉门沟矸石山物源，在玉门沟矸石山南侧修建方向 EES 的过水涵洞，总体呈拱形，长 245 m，高 4 m，宽 4 m，出口见图 4-16。

　　玉门沟泥石流为暴雨沟谷型泥石流，沟谷两侧山体较为陡峭，受煤矿开采影响，沟内堆积有大量碎屑，为泥石流形成提供了充足的物源，局部河道完全被碎屑所堵塞，增大了泥石流发生的危险性，部分物源情况见图 4-17。

　　因此，在特大暴雨的条件下，暴雨引发的山洪携带着砂石顺着窄浅的河道顺流而下时，对沟内工矿企业造成较大的威胁。

(a) 中段涵洞流通区	(b) 下游流通区

图 4-16　N1 泥石流流通区情况

(a) 公路边开挖破碎岩土体	(b) 旧采石场残留岩土体

(c) 崩塌破碎岩土体	(d) 矸石堆积

图 4-17　主要物源情况

　　综合以上分析，玉门沟 N1 泥石流现状条件下发生过泥石流地质灾害，汇水区及流通区大多已按照相关治理设计进行整治，整体绿化、排水设施较好，易发程度为轻度易发，沟口为玉门河，2017—2019 年已进行清淤、绿化治理，河道畅通，N1 泥石流地质灾害主要沟谷及物源区影响程度为"较严重",其余汇水范围影响程度为"较轻"。

6. 矿山地质灾害现状评估结论

通过对收集的地质灾害相关资料的分析和现状调查,评估区内地质灾害分布及地质环境影响程度分述如下。

现状条件下,评估区内崩塌、滑坡地质灾害较发育,泥石流地质灾害弱发育,地面塌陷、地裂缝地质灾害影响程度较轻。根据《矿山地质环境保护与恢复治理方案编制规范》(DZ/T 0223—2011)附录E,现状条件下,将评估区地质灾害现状影响划分为严重区、较严重区和较轻区,地质灾害影响程度现状评估说明见表4-6。

表4-6 地质灾害影响程度现状评估说明表

分区名称	影响程度分级			面积(hm²)	占评估区面积比例(%)	评估结果说明
	编号	分布	分级			
影响程度分区	A₁	104省道塌陷区	严重	0.38	0.01	影响104省道的塌陷区,道路开裂严重,影响行车安全
	A₂	磺厂沟山脊的地裂缝、崩塌、滑坡	严重	4.65	0.10	分布在磺厂沟口山脊平缓地带、沟谷风井场地、人工沟道、西山第十一小学附近,发育程度高,危害大
	B₁	主要道路边的地质崩塌、滑坡	较严重	4.49	0.10	发育程度一般,但临近道路,可能影响行车、行人的安全通行
	B₂	泥石流物源及流通区	较严重	59.03	1.28	玉门沟物源、流通区两侧较陡峭的沟底附近
	B₃	磺厂沟内的滑坡、崩塌	较严重	3.62	0.08	分布在磺厂沟西侧山坡,影响风井场地进出人员、车辆安全
	C		较轻	4547.12	98.43	分布于矿区内大部分区域,除地表无影响区域外,其余地质灾害发育程度小,不造成或无影响
合计				4619.29	100.00	

二、采矿活动对含水层影响程度现状评估

煤和水资源共存于同一地质体中,在天然条件下,各有其自身的赋存条件和变化规律,由于煤矿开采排水、疏干严重地破坏了地下水的原有动态平衡,形成以矿井为中心的降落漏斗,在开采沉陷、冒落、裂隙导水带范围内,各含水层中的水大部分渗入井下巷道及采空区中,引起水位下降,泉水断流,许多村庄的民用水井和孔隙泉干涸。

1. 采矿活动对含水层结构的影响

西铭矿受影响的含水层主要有4个含水层组:松散冲积层与基岩风化裂隙含水层、下石盒子含水层、山西组砂岩含水层及太原组薄层灰岩含水层。

各含水层均为弱含水层,含水量小,现状下各含水层厚度、富水性、水位及受影响情况见表4-7。

表 4-7 各含水层受影响状况

含水层名称	含水层厚度（m）	单位出水量（L/s·m）	水位标高或埋深（m）	含水层渗透系数（m/d）	富水性	受采矿影响程度
松散冲积层含水层	0 ~ 30	4.22 ~ 6.22	埋深 2 ~ 5	—	弱 ~ 强	仅分布于较大的沟谷段，受一定的影响
基岩风化裂隙含水层	0 ~ 25	0.00078 ~ 0.09	埋深 30 ~ 50	0.006 ~ 0.442	微弱	受一定的影响
上石盒子层砂岩含水层	30.02	0.00004 ~ 0.0548	标高 1194.5 ~ 1241.0	0.0024 ~ 0.0526	微弱	距离 2、3 号煤层较远，基本不受影响
下石盒子组含水层	57.9	0.0025 ~ 0.0558	标高 1194.5 ~ 1241.0	0.0036	微弱 ~ 弱	受 2 号煤层开采影响，K_6 砂岩含水层结构破坏
山西组含水层	24.32	0.026 ~ 0.041	标高 1081.54	0.0004	微弱 ~ 弱	主要含水层为石灰岩及砂岩含水层，北岔沟砂岩含水层受 2、3 号煤层开采影响，基本呈疏干状态，含水层结构破坏。K_5 砂岩含水层受 8、9 号煤层开采影响，基本呈疏干状态，含水层结构破坏
太原组灰岩含水层	95 左右	0.00009 ~ 0.03	标高 964.11 ~ 1017.48	0.00132 ~ 0.32	微弱 ~ 弱	包括 L_5、K_4、K_3、L_2、K_1 等含水层。受 8、9 号煤层开采影响，毛儿沟段（K_3）及东大窑段灰岩（K_4）含水层基本呈疏干状态，含水层结构破坏
奥陶系灰岩含水层	揭露 120，总厚约 500	0.0012 ~ 36.04	标高 800 ~ 826	1.43 ~ 70.1	弱 ~ 极强	位于开采煤层底板以下，水位低于开采煤层底板以下，煤层开采为不带压开采，不受采矿影响

从表 4-7 中可以看出：松散冲积层与基岩风化裂隙含水层由于受采空地面塌陷的影响，地表开裂、裂缝形成导水通道，局部段水量减小，甚至疏干。

上石盒子组砂岩，富水性微弱，含水层距离 2、3 号煤层较远，位于导水裂隙带影响范围外，基本不受煤层开采的影响。

下石盒子组下部 K_6 砂岩含水层，富水性微弱，受 2 号煤层开采的影响，含水层结构破坏，基本呈疏干状态，以上部分含水层（段）基本不受影响。

山西组含水层，富水性微弱，主要含水层为石灰岩及砂岩含水层，北岔沟砂岩含水层受 2、3 号煤层开采影响，基本呈疏干状态，含水层结构破坏。K_5 砂岩含水层受 8、9 号煤层开采影响，基本呈疏干状态，含水层结构破坏。

太原组灰岩含水层，富水性微弱，包括 L_5、K_4、K_3、L_2、K_1 等含水层。受 8、9 号煤层开采影响，毛儿沟段（K_3）及东大窑段灰岩（K_4）等主要含水层基本呈疏干状态，含水层结构破坏。

2. 采矿活动对含水层水位的影响

奥陶系灰岩含水层，富水性不均，弱～极强含水层，奥灰水水位一般 800～826 m，一般标高 815 m，井田内可采煤层最低处底板标高 922 m，各煤层底板标高均高于奥灰水最高水位，无带压开采。基本不受开采的影响。从 XS-1 水文孔中 1993 年水位标高为 806.0 m，2010 年水位标高为 799.5 m，水位变化不大。现在从综合水文地质图中可以对比看出，现 7 个奥灰水文孔（井）现水位在 789.8～842.16 m，总体水位变化不大。

评估区范围内原有大小 17 个泉水点，20 世纪 50 年代前期处于天然状态，近几十年来由于煤炭开采，地下水位下降，含水层的破坏，这 17 个泉水点已断流。民井受地下煤炭开采，地下水位下降及含水层的破坏，村庄民井均出现水位下降、无水可采的现状。本次调查，化客头由矿方通过供水管道供水，其他村庄供水由矿方补偿，自行解决。

3. 采矿活动对含水层水量的影响

井田内煤系地层含水层富水性弱，矿井涌水量随大气降水的季节性变化、地表水的渗漏强度、采空积水的疏放与否、生产用水的使用量等直接因素而变化。采空积水疏放量、地表水渗入量等因素有时变化幅度较大，给矿井涌水量的预测带来一定的难度。

据西铭矿 1991—2016 年矿井涌水情况可知，矿井正常涌水量为 228 m³/h，矿井最大涌水量为 360 m³/h。

4. 矿区含水层现状评估结论

现状下采矿活动主要分布在矿井中东部，受导水裂隙带影响，下石盒子组含水层和山西组上部灰岩及砂岩含水层受 2、3 号煤层开采影响，山西组下部砂岩含水层、太原组含水层受 8、9 号煤层开采影响，含水层结构受到严重影响或破坏。煤层开采段含水层水位下降幅度较大，开采煤层顶板上地下水呈半疏干状态，上部松散冲积层与基岩风化裂隙含水层受煤层开采形成的地面裂缝影响，导入下部含水层中，水位下降，局部呈疏干或半疏干状态。矿井正常涌水量平均 228 m³/h（5472 m³/d），最大涌水量为 360 m³/h（8640 m³/d），属于 3000～10000 m³/d，因而现状下采空工作面对含水层水量影响严重。

根据《矿山地质环境保护与恢复治理方案编制规范》（DZ/T 0223—2011）附录 E，现状条件下，将评估区采矿对含水层现状影响划分为严重区和较轻区，含水层影响程度现状评估说明见表 4-8。

表 4-8　含水层影响程度现状评估说明表

分区名称	影响程度分级			面积（hm²）	占评估区面积比例（%）	评估结果说明
	编号	分布	分级			
影响程度分区	A	除东部无煤区的大部分区域	严重	2932.26	63.48	分布于矿区内大部分区域，采矿对含水层破坏严重，地下水呈半疏干状态，地下水水位下降幅度较大，影响程度严重
	C		较轻	1687.03	36.52	无采空区分布区域
合计				4619.29	100.00	

三、地形地貌景观影响程度现状评估

1. 采煤塌陷、地裂缝对地貌景观的影响与破坏

井田地处山区，矿山开采沉陷对原有地面标高及地表形态、地貌植被有一定的影响。煤层开采沉陷形成的地裂缝、地面塌陷、滑坡、崩塌等地表变形移动，造成土壤、岩石风化后的残积层、半风化岩石和基岩暴露。开采引起的地表裂缝较为发育，从而导致地下水漏失、地表土壤肥力与富水能力减弱，从而对景观产生一定的影响，考虑原山区地形起伏大，植被覆盖均完好，故已有采空塌陷对原有地形地貌景观影响程度"较轻"。

2. 工业场地、风井场地及其他建筑物

西铭矿地面建设工程主要有工业广场和风井场地砑石场及取土场，场地的建设改变了原有的地形地貌，从原有的林地、草地、耕地等地类改变为工业用地，整体建设情况外观良好，对原生的地形地貌景观影响"严重"。

3. 临时砑石场

西铭矿排砑场地总体位于玉门沟边小西铭砑石场，改变了原有山沟的自然地貌，对工业广场居民区和104省道可视范围内的地形地貌景观影响"严重"，见图4-18。

(a) 东部全貌

(b) 西部全貌

(c) 底部一级台阶

(d) 西部待填筑采石宕口

图 4-18　小西铭砑石场现状

4. 其他历史遗迹

井田范围内无自然保护区和风景旅游区。仅在东部化客头村东 0.25 km 的山包上有一碉堡残部，据守林人说，该碉堡为阎锡山统治时期，为了保护东侧的水泥厂所建，为历史遗迹。该碉堡开裂（DL-5），裂缝宽 0.5 m，西侧下陷。现在地面已修复硬化，见图 4-19。

图 4-19　阎锡山统治时期的碉堡残部

评估区内七里沟地质遗迹历史上小窑开采严重，煤矸石堆放对地形地貌景观破坏较大，影响程度严重，现状下已经过山西省采煤沉陷区专项治理，目前已治理完毕，影响程度"较轻"。

5. 地形地貌景观现状评估结论

综合地面工程建设和煤炭开采对地形地貌景观的破坏分析，根据《矿山地质环境保护与恢复治理方案编制规范》（DZ/T 0223—2011）附录 E，现状条件下，将评估区地形地貌景观现状影响划分为严重区和较轻区，地形地貌景观影响程度现状评估说明见表 4-9。

表 4-9　地形地貌景观影响程度现状评估说明表

分区名称	影响程度分级			面积（hm²）	占评估区面积比例（%）	评估结果说明
	编号	分布	分级			
影响程度分区	A	工业场地及矸石场	严重	114.23	2.47	工业场地改变了原地形地貌格局
	C	较轻		4505.06	97.53	其他无影响区，山区地形地貌起伏大，植被覆盖完好，未因采煤沉陷产生较大变化
合计				4619.29	100.00	

四、土地资源现状评估

评估区面积 4619.27 hm²，土地类型统计见表 4-10。

表 4-10 评估区内土地类型统计表

一级地类		二级地类		面积（hm²）	占总面积比例（%）	
01	耕地	012	水浇地	15.33	0.33	4.20
		013	旱地	178.71	3.87	
02	园地	021	果园	22.48	0.49	0.49
03	林地	031	有林地	1152.17	24.94	81.92
		032	灌木林地	1390.51	30.10	
		033	其他林地	1241.54	26.88	
04	草地	043	其他草地	250.07	5.41	5.41
10	交通运输用地	104	农村道路	0.21	0.00	0.00
11	水域及水利设施用地	111	河流水面	1.61	0.03	0.05
		117	沟渠	1.14	0.02	
12	其他土地	122	设施农用地	0.79	0.02	2.21
		127	裸地	100.95	2.19	
20	城镇村及工矿用地	201	城市	93.08	2.02	5.72
		203	村庄	111.48	2.41	
		204	采矿用地	58.45	1.27	
		205	风景名胜及特殊用地	0.75	0.02	
合计				4619.27	100.00	100.00

西铭矿数十年开采历史，历史开采煤层采空时间较长，经过封山育林、矿方整治、村民自行整治和自然恢复，地表植被长势已基本恢复，绝大部分采空区域影响程度较轻。

经过调查，在近 3 年工作面靠近 104 省道附近有 1 处严重塌陷土地，周边伴生地裂缝、道路开裂，以及磺厂沟内地质灾害造成的土地资源损毁，损毁面积 8 hm²，其中采矿用地 0.04 hm²，灌木林地 0.64 hm²，旱地 0.18 hm²，裸地 1.95 hm²，其他林地 2.49 hm²，有林地 2.7 hm²。

工业场地面积为 91.68 hm²，风井场地面积为 3.97 hm²，占用地类为采矿用地和城市，采矿不影响其土地资源功能，评估等级为"较轻"。

总沉陷范围区域内村庄面积 21.48 hm²，在采取留设保护煤柱措施下，因村庄建筑物重要性，评估等级为"严重"。

矸石场占地面积为 18.57 hm²，占地类型为采矿用地和其他林地。

综上所述，对照《矿山地质环境保护与恢复治理方案编制规范》（DZ/T 0223—2011）附录 E 表 E.1 矿山地质环境影响程度分级表，以上破坏林地或草地大于 4 hm²，现状评估已有采空区影响范围、工业场地、风井场地、矸石场对土地资源的破坏与影响程度严重，其他未开采区域对土地资源影响与破坏较轻（樊艳平 等，2021）。评估说明见表 4-11。

表 4-11　土地资源影响程度现状评估说明表

分区名称	影响程度分级			面积（hm²）	占评估区面积比例（%）	评估结果说明
	编号	分布	分级			
影响程度分区	A₁	塌陷及工业用地影响区	严重	118.26	2.55	塌陷及工业场地影响了原土地资源的使用
	A₂	受影响村庄	严重	21.48	0.46	采取留设煤柱措施，重要等级高
	C	较轻		4501.03	96.99	其他无影响区
合计				4640.77	100.00	

五、采矿已损毁土地现状

1. 土地损毁环节与时序

西铭矿为在产煤矿，土地损毁环节主要与工业场地建设和地下采煤塌陷相关，正式投产以来，已形成完善的地面工程布置和井下巷道采区布置，矿井生产建设及土地损毁时序总体流程见图 4-20。

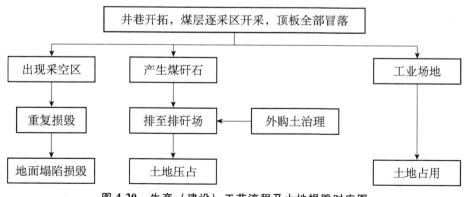

图 4-20　生产（建设）工艺流程及土地损毁时序图

西铭矿已经产生土地损毁的场地主要有工业广场（含选煤厂）、各风井场地和排矸场。除工业广场作为永久建设用地外，其余风井场地均作为本次土地复垦目标。

西铭矿生产期随着煤炭的持续开采，不断造成土地的损毁，主要表现为地面塌陷和地裂缝。地下煤层开采时，原有煤层将出现大面积的采空区，破坏了围岩原有的应力平衡状态，发生了指向采空区的移动和变形，在采空区的上方，随着直接顶和老顶岩层的冒落，其上覆岩土层也将产生移动、裂缝和冒落，形成冒落带。当岩层冒落发展到一定高度，冒落的松散岩块逐渐填充采空区，达到一定程度时，岩块冒落就逐渐停止，而上面的岩层就出现离层和裂缝，形成裂缝带。当离层和裂缝发展到一定程度时，其上覆的岩层就不再发生离层和裂缝，只产生整体的移动沉陷，即发生指向采空区的弯曲变形，形成弯曲带。当岩层的移动、沉陷和弯曲变形继续向上发展达到地表时，地表就会出现沉陷、移动和变形，形成移动盆地。地裂缝随着工作面的推进，呈波状向前发展，中心地带随工作面向前推进，裂缝逐渐呈现闭合状态，最终可能在移动盆地的边缘出现。地裂缝及地表沉陷将改变研究区的土壤结构，地面建筑物、构筑物、植被、水利、交通、电力等工农业生产设施也因此受到不同程度的破坏。

未来土地损毁环节主要为小西铭排矸场和拟采沉陷区。排矸场随着排矸进行逐渐扩大损毁范围，逐渐形成稳定的平台和坡面后分时段、分区域采取复垦措施。采煤塌陷地随工作面回采进度逐渐损毁，稳沉时间统一取 3 a，沉陷稳定后分时段、分区域采取复垦措施。

2. 土地损毁等级划分标准

矿山土地损毁等级标准按《土地复垦方案编制规程第 3 部分：井工煤矿》（TD/T 1031.3—2011）附录 B，结合研究区实际情况综合制定，总体分为工矿用地造成的土地损毁和采煤沉陷造成的土地损毁两类。

矿区工矿用地造成土地损毁的主要包含矸石山压占，完全破坏原地形地貌，未完全治理前地表裸露，土地损毁等级统一确定为重度。

矿区沉陷土地损毁等级通过现场调查走访和采煤沉陷变形计算的综合对比分析，同时参照《山西省工矿企业土地损毁状况调查技术规程（试行）》，就有关采煤塌陷区裂缝的宽度和密度、地表变形值与土地损毁程度等级之间的关系，确定采煤沉陷区土地损毁等级基本标准。其中耕地农作物受沉陷影响后明显表征为产量下降，根据调查资料，耕地受中度破坏后农作物产量减少约20%，受重度破坏后农作物产量减少约35%，最终确定标准见表4-12。

在重点参照基本标准前提下，重点考虑耕地的重要性，对损毁等级区域进行适当调整。

表 4-12　塌陷区土地损毁程度等级与地表变形值关系基本对比表

损毁等级	地表裂缝		水平变形（mm/m）	附加倾斜（mm/m）	下沉（m）	农作物减产（%）
	裂缝宽度 d（mm）	裂缝间距 D（m）				
轻度	20 ~ 100	50 ~ 100	≤8	6 ~ 20	≤2.0	≤20

续表

损毁等级	地表裂缝		水平变形 （mm/m）	附加倾斜 （mm/m）	下沉 （m）	农作物减产 （%）
	裂缝宽度 d （mm）	裂缝间距 D （m）				
中度	100~300	30~50	8~16	20~40	2.0~6.0	20~35
重度	>300	<30	>16	>40	>6.0	>35

3. 已损毁土地现状

西铭矿自建井投产以来，主要已开采区域分布在矿区中东部，已损毁土地包括工业场地对土地的压占、矸石场对土地的压占和采空区沉陷，已损毁地类统计汇总见表4-13。

（1）工业场地土地压占

西铭矿自建井以来，工业广场面积91.68 hm²，胡沙帽风井0.34 hm²，磺厂风井1.22 hm²，冀家沟风井1.88 hm²，娄烦滩风井0.53 hm²。均彻底改变原有土地功能，损毁程度为"重度"。

（2）矸石场土地压占

西铭矿历史上共使用过4处矸石场，面积共计39.71 hm²，分述如下：

①小西铭矸石山治理工程。工程主要内容有灭火工程、挡矸墙工程、排水工程、护坡工程、覆土工程、绿化工程、道路工程、供水灌溉工程，工程于2018年6月20日开工，2019年10月31日完工，工程投资总额为2847.623448万元。

②沟西湾矸石山治理工程。治理面积为12.26万 m²，工程治理分为2个区域，分别为主矸石场和北区矸石场，共7个平台、5个坡面及马道；主要内容有灭火工程、覆土工程、山体整形、排水工程、道路工程、灌溉工程及生态系统重建工程，工程于2018年6月20日开工，2019年10月31日完工，工程投资总额为2844.38万元。

③玉门河沟口矸石山治理工程。治理面积为3.51万 m²，主要内容有灭火工程、整形整地工程、道路工程、排水导流及拦挡支护工程、供水灌溉工程、景观工程及生态修复工程，工程于2018年6月20日开工，2019年10月31日完工，工程投资总额为1760.5090万元。

④玉门河北侧排渣场治理工程。治理面积为3.58万 m²，主要内容有灭火工程、削坡整形工程、封闭隔离工程、覆土工程、排水工程、构建营养层工程、顶部平台工业广场工程，工程于2018年6月20日开工，2018年年底完工，工程投资总额为1926.7900万元。

现状下除小西铭矸石山仍处在使用中未治理外，其余均已治理完毕（不再列入本次复垦责任范围）。

现状下压占土地的小西铭矸石山面积6.94 hm²，完全丧失了原有土地功能，损毁程度"重度"。

（3）采空沉陷土地损毁

根据现场调查和地表移动变形计算，西铭矿沉陷已损毁土地面积3124.93 hm²，其中重度塌陷损毁区 2.66 hm²，中度塌陷损毁区 101.59 hm²，轻度塌陷损毁区 3020.68 hm²，各损毁程度典型照片见图 4-21。

（a）轻度塌陷不平整林地

（b）轻度塌陷不平整耕地

（c）中度塌陷破坏道路

（d）中度塌陷地裂缝破坏土地

（e）重度塌陷地裂缝破坏土地

（f）重度塌陷开裂土地

图 4-21　各损毁程度典型现场照片

表 4-13　已损毁土地汇总表

损毁方式	一级地类		二级地类		损毁程度（hm²）			
					轻度	中度	重度	合计
沉陷	01	耕地	013	旱地	68.42	3.91	0.81	73.14
	02	园地	021	果园	22.21			22.21
	03	林地	031	有林地	1052.05	12.43	0.79	1065.27
			032	灌木林地	968.47	56.59	0.01	1025.07
			033	其他林地	606.31	11.85	0.49	618.65
	04	草地	043	其他草地	197.08	9.40	0.30	206.78
	10	交通运输用地	104	农村道路	19.76	1.15	0.00	20.91
	12	其他土地	123	田坎	13.52	0.77	0.16	14.45
			127	裸地	47.02	0.45	0.10	47.57
	20	城镇村及工矿用地	201	城市	0.52			0.52
			203	村庄	21.31	5.04		26.35
			204	采矿用地	3.26			3.26
			205	风景名胜及特殊用地	0.75			0.75
	小计				3020.68	101.59	2.66	3124.93
压占	03	林地	033	其他林地			0.316148	0.32
	04	草地	043	其他草地			0.844014	0.84
	20	城镇村及工矿用地	201	城市			90.83742	90.84
			204	采矿用地			6.037815	6.04
	小计				0.00	0.00	98.04	98.04
合计					3020.68	101.59	100.70	3222.97

六、环境污染与生态破坏

（一）矿区环境污染及治理现状

1. 大气污染现状与防治措施

（1）锅炉

西铭矿有 1 个工业场地，在用 6 个风井场地，均已实现"煤改电"。矿区建设安装空气源热泵站取代原有燃煤锅炉，为矿区的住宅楼和公共建筑物供热。磺厂风井由 3 台 CGD-4-RF 蓄热电热风炉供热，娄烦滩风井由 3 台 750～800 kW 远红外电热风机供热，刘巴足由电热锅炉供热，均无大气污染物产生，冀家沟风井采用低温回风热回收工艺供热。

（2）转载、储存、运输

①原煤在转载、运输过程中产生一定量的粉尘。洗选后的原煤、精煤分别用筒仓储存。西铭矿原煤经洗煤厂洗选后大部分由铁路外运，少量地销煤采用汽车通过已有公路运输，运输道路长度 1.5 km，由于运煤车辆长期碾压，路面有裂缝、错台等损毁现象，方案期对该段道路进行改造，两侧绿化。

②煤泥场地为新建厂房，位于西铭矿木厂，该场地采用门式钢架封闭，封闭面积 4634 m²，见图 4-22。

图 4-22　洗煤厂筒仓、封闭式皮带走廊

③筛分破碎。西铭矿选煤厂原煤振动分级筛、选择性破碎机及胶带输送机受料点等为产尘点，运营过程中容易产生粉尘，在产尘点分别布置布袋除尘器，处理后排入大气，除尘效率 99%。

2. 水污染防治措施

西铭矿生活污水收集后通过管道输送至市政污水处理厂处理，矿井水处理站分为上水平矿井水处理站和下水平矿井水处理站 2 个。

（1）上水平矿井水处理站

上水平矿井水处理站处理能力 2400 m³/d，经调节池后的矿井水水质得到均化和水量得到调节，调节池出水进入高效沉淀池，在高效沉淀池的进口处加入聚合氯化铝和聚丙烯酰胺帮助水中的悬浮形成絮凝体，提高沉淀效果，高效沉淀池的出水进入中间水箱，为后面的超滤装置提供水源，中间水池的水经过多介质过滤 + 活性炭过滤 + 精密过滤 + 超滤后进入清水库。经处理后的矿井水可达到《地表水环境质量标准》（GB 3838—2002）Ⅲ类标准。回用与矿区绿化洒水和降尘使用。2019 年完成上水平矿井水处理站进行升级改造工程，主要建设内容为新增 1000 m³/d 反渗透系统一套，反渗透出水用于职工洗浴。

（2）下水平矿井水处理站

西铭矿下水平矿井水处理站处理能力为 5000 m³/d，矿井水经缓冲池短暂缓冲后进入调节池，经调节池后的矿井水水质得到均化和水量得到调节，调节池出水经管道加药后进入斜管旋流沉淀池，沉淀池的出水进入多介质过滤器，经多介质处理后的矿井水部分回用于洗煤厂洗煤用水，多余部分用于矸石山洒水降尘。

目前下水平矿井水处理站正在进行扩容改造，改造后处理能力为 9000 m^3/d，下水平矿井水处理工艺见图 4-23，污泥处理工艺流程图见图 4-24。

（a）新增调节池　　　　　　　　　（b）新增压泥设备

图 4-23　升级改造后下水平矿井水处理工艺

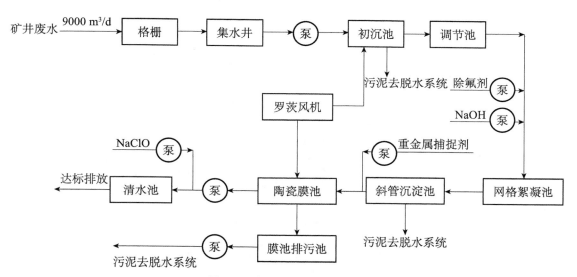

图 4-24　污泥处理工艺流程图

3. 固体废弃物及处理措施

西铭矿主要固体废弃物为煤矸石、燃煤锅炉使用时期产生的炉渣和生活垃圾。

据现场调查，每年排矸量约为 6 万 t。根据本矿与西山煤电（集团）有限责任公司水泥厂于 2020 年 5 月 14 日签订的煤矸石综合利用协议，本矿掘进矸石和洗选矸石用于制作建筑材料，矸石利用率 100%。

西铭矿现有的矸石设施有矸石筒仓，矸石由运矸车辆运至矸石场排矸点进行处置，西铭矿正在使用的矸石场为小西铭矸石场，小西铭矸石场于 2014 年 2 月开始排放，分为两期，现一期小南沟已闭库，正在治理，治理工程已完成东南坡整形，北侧 8 级坡整形，整形面积

4.9 万 m²。二南沟正在排矸。根据西铭矿产矸量，2023 年二南沟将闭库。

4. 危险废物产生及处置措施

本矿产生的危险废物主要有废油、废油桶和废油漆桶，其中废油产生量为 4.2 t/a，由山西鑫海化工有限公司定期收集处置。废油桶产生量 300 个/a，废油漆桶产生量 100 个/a，由山西中材桃园环保科技有限公司统一运输处置。

（二）煤矿开采生态环境破坏现状

1. 采空区和地面塌陷、裂缝现状

西铭矿有数十年开采历史，虽然历史开采煤层采空时间较长，但经过封山育林、矿方整治、村民自行整治和自然恢复，地表植被长势已基本恢复，绝大部分采空区域影响较轻。

2. 工业广场生态环境现状

工业广场位于万柏林区西铭乡小西铭村西北约 1.0 km 处，矿区大门紧邻太古公路，场地占地面积约 44.9 hm²，平面布置呈东西条形布置，按使用功能划分为生产区、辅助生产区、生活福利区及行政办公区。

场内道路为沥青混凝土路面，总长约 2.2 km。道路两侧布置有国槐、柳树及绿篱等，见图 4-25。

洗煤厂东侧地销运煤道路长度 1.5 km，由于运煤车辆经过，道路出现裂缝、路面破碎、错台等破损现象，方案期内对该段道路进行改造。

场地竖向布置采用平坡与台阶相结合的布置方式，台阶间采用浆砌石挡土墙形式进行连接，挡土墙面积 11300 m²。场地周边不稳定边坡用浆砌石护坡砌筑和综合护坡的形式进行防护，护坡面积 26800 m²。

工业场地东、北及西侧均布置有截水沟，将场地周边雨水拦截在场外，最终流入玉门河。截水沟长 2600 m，梯形断面明沟，上宽 0.6 m，下宽 0.5 m，深 0.5 m，采用 M5 水泥砂浆砌筑。

图 4-25　场内道路、挡土墙及排水明沟

3. 风井场地生态环境现状

目前，西铭矿进风井和出风井场地共 6 个，分别为玉门风井场地、磺厂风井场地、冀家沟风井场地、胡沙帽风井场地、娄烦滩风井场地、刘巴足风井场地。

（1）玉门风井场地

该场地位于工业场地内，其生态治理措施已全部划入工业场地范围内，见图4-26。

图 4-26 玉门平峒

（2）磺厂风井场地

该场地占地面积0.65 hm²。

①进场道路长度约250 m，宽4 m，总面积约1000 m²，全部为砼硬化道路，见图4-27。

②2018—2019年，磺厂北侧新建砼锚索挡墙两段，一段长24 m，高4.5～8.5 m；一段长25 m，高8.5 m。

图 4-27 磺厂进场道路及混凝土挡墙

（3）冀家沟风井场地

该场地占地面积0.45 hm²。

①进场道路。该风井进场道路利用村村通道路，为水泥路面，宽度4 m，两侧有排水和绿化措施，见图4-28。

②场地内硬化绿化情况。场地内全部硬化，地面排水通过断面为0.4 m×0.4 m的排水沟排出，排水沟长度约80 m。

图 4-28　冀家沟风井场地

（4）胡沙帽风井场地

该场地占地面积 0.60 hm²。

①进场道路。进场道路利用乡村道路，路面宽 4 m，混凝土路面，道路两侧无排水及绿化措施。

②场地内硬化绿化情况。场已全部硬化，场地内设置有 0.4 m×0.4 m 浆砌石排水沟 140 m。

（5）娄烦滩风井场地

该场地占地面积 0.43 hm²。

①进场道路。104 省道至风井场地道路长 100 m，宽 5 m，总面积 500 m²，全部为砼硬化道路，见图 4-29。

②场地内硬化绿化情况。北侧山坡用浆砌石挡墙，地面设截面积为 0.4 m×0.4 m 的浆砌石排水沟 120 m，场地内基本硬化，远红外电热锅炉改造后，约 200 m² 地面出现破损情况，方案期内对该部分进行硬化。

图 4-29　娄烦滩风井场地进场道路及场地硬化

（6）刘巴足风井场地

该场地占地面积 0.58 hm²。

①进场道路。场地四周设有围墙，场区大门紧临村村通公路。

②场地内硬化绿化情况。场地已全部硬化，场区内布置有排水沟长 200 m，0.4 m×0.4 m，矩形断面，将场区雨水排至场地南侧沟谷中。

4. 矸石场生态环境现状

西铭矿目前有矸石场 4 处和 5 个固废堆存点，矸石场按使用期先后，分别为玉门沟口矸石场、玉门河北侧排渣场、沟西湾三道沟矸石场和小西铭矸石场，其中玉门河北侧排渣场、玉门沟口矸石场、沟西湾三道沟矸石场已经闭库，小西铭矸石场小南沟矸石场已闭库，二南沟矸石场正在使用。根据《山西省人民政府关于采煤沉陷区生态综合治理工作方案（2016—2018 年）的通知》和《山西省人民政府办公厅关于印发山西省采煤沉陷区综合治理资金管理办法的通知》文件，西铭矿作为西山煤电集团生态恢复治理试点示范工程的重点实施区域。矸石场现状见图 4-30。

（a）玉门河北侧排渣场

（b）沟西湾矸石场

（c）玉门沟口矸石场

（d）小南沟矸石场

图 4-30　矸石场现状情况

5. 煤矿开采对村庄建筑及居民饮用水的影响

（1）煤矿开采对村庄建筑的影响

对村庄建筑物的影响同前述采空地面塌陷破坏村庄建筑物。

（2）煤矿开采对居民饮用水的影响

井田范围现存村庄内居住人口较少，原有村庄水井水量可以满足居民日常生活用水，当水井水量不足以供居民使用时，由西铭矿采用水车拉水方式向村民供水。

6. 煤矿开采对地表水和泉域的影响

（1）对井田内河流的影响

西铭矿南侧山脚下为玉门河，玉门河发源于太原市西山石千峰东侧后塔上，于小西铭村附近流出山区穿过山前洪积扇进入太原彭迪山前倾斜平原，流经西铭、北寒、市结核病医院、后北屯、前北屯等村庄，于迎泽桥上游约 700 m 处汇入汾河。流域面积 26 km²，主河道长 14.3 km，河道从汾河口以上约 400 m，千峰北路上、下游 450 m 已按五十年一遇标准治理成标准断面。

本次调查前河流未受采煤影响，也未出现塌陷裂缝影响流动的现象。

（2）对晋祠泉域的影响

晋祠是国家重点文物保护单位。晋祠"三绝"之一的晋祠泉水，出露于太原西山悬瓮山下，距太原市中心 25 km。1933 年及 1942 年实测流量约 2.0 m³/s，1954—1958 年实测水平均流量为 1.9 m³/s，最大为 2.06 m³/s（1957 年），最小为 1.81 m³/s（1954 年），动态稳定。自 20 世纪 60 年代特别是 80 年代以后泉水流量逐年减少，由 60 年代的 1.69 m³/s、70 年代的 1.21 m³/s、80 年代的 0.52 m³/s 降至 90 年代的 0.18 m³/s，1994 年 4 月 30 日断流。泉水化学类型为 $SO_4 - HCO_3 - Ca \cdot Mg$ 水，矿化度 598 mg/L，总硬度 447 mg/L。

根据太原市国土资源局万柏林分局，并国土资万字〔2018〕72 号《关于做好避让自然保护区泉域重点保护区变更采矿登记工作的通知》等相关要求，调整井田边界对晋祠泉域重点保护区进行避让。西铭矿不涉及重点保护区，均在晋祠泉域的一般保护区内。

7. 煤矿开采对地下水的影响

煤矿开采影响地下水的方式主要是煤层开采后顶板发生垮落，形成冒落带和裂隙带，受冒落带和裂隙带的影响，使地下含水层与开采煤层之间的隔水层被破坏，导致含水层水量漏失，水位下降，间接对与被破坏含水层有水力联系的其他含水层产生影响，造成水量有所减少，水位缓慢下降。

8. 煤矿开采对交通、输电线路的影响

西铭矿井田范围内有乡镇道路和隶属于煤矿的运输、输电线路，铁路为运煤线路，主要公路为太佳公路（省道）和太古公路（县道），无高速公路等重要的交通线路。建有风井场地输电线路和变电所，线路已建成运行多年，沿线植被自然恢复。

对公路、铁路、变电所等可能受采煤扰动影响的建筑留设保安煤柱，此外，在生产过程中要定期巡检，若出现道路或者输电线路基座的损坏，应及时进行修复。

第五章

矿山环境影响预测评估

第一节 地质灾害预测评估

1. 近期地质灾害预测

（1）近期采矿活动可能引发、加剧地面塌陷地裂缝灾害预测

依据西铭矿近期2020—2024年回采工作面接替计划，近5年的采煤方法仍为综采，顶板管理方法仍为全部垮落法，预计评估区在近期受采空塌陷地裂缝影响区域面积合计约957.85 hm²，其中较已形成区域重复影响面积约913.89 hm²，新增43.96 hm²。因此近期采空区开采地面变形引发的地裂缝地质灾害随着开采范围的扩大，将进一步加剧，总体上在西部新工作面附近产生新的地裂缝，受重复采动影响区域地裂缝将加剧。根据对以往采空区时空布置和地裂缝规模与分布的对比，近期地面塌陷分布范围主要表现为已有塌陷的加强，地裂缝损毁程度将加大，且将伴随采空区扩展而进一步扩大。

根据地表变形预计，近期内评估区无新增影响村庄。受影响范围内村庄据现场调查走访基本无常住人口，预计受威胁人数小于10人，地面民房安置维修等费用预计小于100万元。对于受影响的村庄，应加强巡检、宣传，避免人员回迁造成伤亡。依据《矿山地质环境保护与恢复治理方案编制规范》（DZ/T 0223—2011）附录E"矿山地质环境影响程度分级表"中规定，近期内采矿活动引发的采空塌陷地裂缝地质灾害对影响区内地表建（构）筑物危害程度为"较轻"，危险性小。

近期影响区域内主要工程设施为道路和电力线路。道路主要为104省道，其余多为沿山脊和山沟的机耕路。104省道现状情况下受采煤沉陷影响较大，道路开裂严重，预测近期将加剧，其余部分沿山脊道路可能受到地面塌陷坑或地裂缝的影响，造成路面纵向和坡度变大，路面开裂和凹凸不平，影响正常行车安全，严重时造成道路中断，妨碍人员往来和货物运输，需要采取一定的维护防治措施，可能造成直接经济损失100万～500万元。地面塌陷及地裂缝对电力线路造成的影响，主要使输电线塔（杆）下沉或歪斜，影响线路驰度及对地高度，严重时造成输电线接地或拉断。根据《高压架空线路运行规程》的规定，塔（杆）倾斜不得超过其高度1/200，即倾斜变形不得大于5 mm/m，由前述地表移动变形预测可知，井田内任一煤（分）层开采其倾斜值都超过其限值，矿区内输电线路较多，由地表变形造成的经济损失 100 万~500 万元，地质灾害危险性较大。必须派专人对输电线路进行定期巡视，对出现问题的输电线塔（杆）及时加固和防护。预测近期内地裂缝地质灾害对区内主要工程设施危害程度严重，危险性较大。

近期地下采煤影响区内，磺厂沟、冀家沟和娄烦滩风井附近布置有工作面，工作面位于保护煤柱之外，且位于山沟内，不受地面塌陷和地裂缝影响，影响程度较轻，危险性小，104 省道附近影响"较严重~严重"。

（2）近期采矿活动可能引发、加剧崩塌地质灾害预测

评估区地处中低山区，多由薄层黄土覆盖，基岩埋深很浅，深沟高堑，地形起伏较大。在地形变化较为平缓区域，且区内不存在较大的构造发育情况，仅采煤地表下沉引发斜坡产生崩塌的可能性小。在地势较陡地段，尤其是道路开挖、采石场开挖基岩出露、坡度较大地段，在竖向节理发育的情况下，由于地表变形量的叠加影响，在重力、降水等因素下，有可能导致原有坡体失稳，引发崩塌地质灾害。

结合对已有崩塌点的调查，主要控制因素为人类工程活动如修路、采石、爆破造成的高切坡，次要因素为采空区地表变形和降雨。近期采煤塌陷影响区域内，村庄已无人居住，不会再有因居民点形成的人工切坡；矿方已有的风井场地和道路均已经建设完毕，不存在大的切坡工程；区内高压架空线缆的建设在调查期间未见进行，根据对已有电力线选址的总结，预测可能的切坡多是沿山间小道的小型切坡工程。

结合影响区域、已有崩塌点，近期崩塌地质灾害可能加强的仍为已有崩塌点，如 BT10、BT13 和 BT16 三处崩塌点，其中 BT10 规模为小型，其余两处规模为中型。受近期采煤沉陷加剧影响，崩塌点均地处深山，受威胁人员分散，直接经济损失小于 100 万元，依据《矿山地质环境保护与恢复治理方案编制规范》（DZ/T 0223—2011）附录 E "矿山地质环境影响程度分级表"中规定，近期内采矿活动引发的崩塌地质灾害影响程度分级为"较轻"。

近期影响区内不存在新的地面建设工程。

（3）近期采矿活动可能引发、加剧滑坡地质灾害预测

评估区地处山区，多由薄层黄土覆盖，深沟高堑，地形起伏较大。在地形变化较为平缓区域，且区内不存在较大的构造发育情况，仅采煤地表下沉引发斜坡产生滑坡的可能性小。在地势较陡地段，尤其是道路开挖、采石场开挖基岩出露、坡度较大地段，在竖向节理发育的情况下，由于地表变形量的叠加影响，在重力、降水等因素下，有可能导致原有坡体失稳，引发滑坡地质灾害。

结合对已有滑坡点的调查，主要控制因素为人类工程活动如修路、采石、爆破造成的高切坡，次要因素为采空区地表变形和降雨。近期采煤塌陷影响区域内，村庄均已实施搬迁，不会再有因居民点形成的人工切坡；矿方已有的风井场地和道路均已经建设完毕，不存在大的切坡工程；区内高压架空线缆的建设在调查期间未见进行，根据对已有电力线选址的总结，预测可能的切坡多是沿山间小道的小型切坡工程。

近期影响区内可能加剧 HP12 滑坡变形破坏，HP12 下方采煤工作面和已有工作面一致，地层坡度小，公路部门已进行坡脚处理，预测影响加剧程度小，预测影响程度为"较轻"。

近期影响区内不存在新的地面建设工程。

（4）近期采矿活动可能引发、加剧泥石流地质灾害预测

近期开采区域位于矿区西部，植被覆盖度高，除 104 省道通车活动外无其他重要的人工

活动，地表不再新建大的工程建筑，泥石流物源很少，区域汇水面积大，但流通河道较宽阔通畅，距下游有人居住村庄很远，非泥石流地质灾害区域。

依据《泥石流灾害防治工程勘查规范》（DZ/T 0220—2006）附录 G.1，针对 N1 泥石流易发程度量化评分见表 5-1。

表 5-1　N1 泥石流易发程度评分表

序号	影响因素	评分范围	现状情况	得分
1	崩塌、滑坡及水土流失严重程度	1 ~ 21	有较多崩塌和冲沟存在	16
2	泥沙沿程补给长度比	1 ~ 16	60%	12
3	沟口泥石流堆积活动程度	1 ~ 14	两侧矸石堆积和山坡落石	6
4	河沟纵坡	1 ~ 12	2.3°	1
5	区域构造影响程度	1 ~ 9	过早影响小	1
6	流域植被覆盖率	1 ~ 9	50%	5
7	河沟近期一次变幅	1 ~ 8	1 ~ 2 m	6
8	岩性影响	1 ~ 6	软硬相间	5
9	沿沟松散物储量	1 ~ 6	1 万 ~ 5 万 m^3/km^2	4
10	沟岸山坡坡度	1 ~ 6	35°	6
11	产沙区沟槽横断面	1 ~ 5	宽 U 形谷	4
12	产沙区松散物平均厚度	1 ~ 5	2 m 破碎岩土覆盖	3
13	流域面积	1 ~ 5	14.1365 km^2	5
14	流域相对高度	1 ~ 4	< 600 m	4
15	河沟堵塞程度	1 ~ 4	局部河沟较窄	3
合计				81

根据《泥石流灾害防治工程勘查规范》（DZ/T 0220—2006）附录 G.3，N1 泥石流得分合计 81 分，在 44 ~ 86，属于轻度易发泥石流。

近期采煤造成其他地质灾害不会改变大的地形地貌和物源分布，矸石堆场、排水设施和绿化措施按设计进行，预测近期不会引发和加剧泥石流地质灾害。

近期不会引发泥石流地质灾害，不存在对地面建设工程的影响。

（5）近期预测评估结论

根据上述对崩塌滑坡、已有采空区影响、泥石流预测和矿井近期地裂缝地面塌陷预测，评估对照《矿山地质环境保护与恢复治理方案编制规范》（DZ/T 0223—2011）附录 E 表 E.1，预测采矿活动引发的地面塌陷或地裂缝地质灾害危害程度分为较轻区、较严重区和严重区，具体说明见表 5-2。

表 5-2　地质灾害影响程度近期预测评估说明表

分区名称	影响程度分级			面积（hm²）	占评估区面积比例（%）	评估结果说明
	编号	分布	分级			
影响程度分区	A₁	104 省道附近塌陷区	严重	9.70	0.21	近期沉陷区产生的地面塌陷地裂缝影响程度严重
	B	塌陷区	较严重	14.25	0.31	在沉降较大区域，且多位于易于开裂的山脊部分
	C		较轻	4595.34	99.48	近期开采对既有地质灾害不再加强部分和其他未受影响区域
合计				4619.29	100.00	

2. 服务期地质灾害预测

（1）服务期采矿活动可能引发、加剧地面塌陷地裂缝灾害预测

依据西铭矿服务期回采工作面接替计划，采煤方法仍为综采，顶板管理方法仍为全部垮落法，预计评估区在近期受采空塌陷地裂缝影响区域面积合计约 2127.76 hm²，其中较已形成区域重复影响面积约 2048.30 hm²，新增 79.46 hm²。

根据地表变形预计，服务期内评估区将造成 1 个已搬迁村庄受采煤地面塌陷与地裂缝影响，受重复影响的村庄为莲叶塔。受影响村庄已搬迁，据现场调查走访基本无常住人口，预计受威胁人数小于 10 人，地面民房安置维修等费用预计小于 100 万元。受影响的村庄中应加强巡检、宣传，避免人员回迁造成伤亡。依据《矿山地质环境保护与恢复治理方案编制规范》（DZ/T 0223—2011）附录 E "矿山地质环境影响程度分级表"中规定，服务期内采矿活动引发的地面塌陷地裂缝地质灾害对影响区内地表建（构）筑物危害程度为"较轻"，危险性小。

服务期影响区域内主要工程设施为道路和电力线路。道路主要为 104 省道，其余多为沿山脊和山沟的机耕路。104 省道现状情况下受采煤沉陷影响较大，道路开裂严重，预测近期将加剧，其余部分沿山脊道路可能受到地面塌陷坑或地裂缝的影响，造成路面纵向和坡度变大，路面开裂和凹凸不平，影响正常行车安全，严重造成道路中断，妨碍人员往来和货物运输，需要采取一定的维护防治措施，可能造成直接经济损失 100 万～500 万元。地表变形及地裂缝对电力线路造成的影响，主要使输电线塔（杆）下沉或歪斜，影响线路驰度及对地高度，严重时造成输电线接地或拉断。矿区内输电线路众多，由地表变形造成的经济损失 100 万～500 万元，地质灾害危险性较大。预测服务期内地面塌陷地裂缝地质灾害对区内主要工程设施危害程度"严重"，危险性较大。

服务期地下采煤影响区内，磺厂沟、冀家沟和娄烦滩风井附近布置有工作面，工作面位于保护煤柱之外，且位于山沟内，不受地面塌陷和地裂缝影响，影响程度"较轻"，危险性小。

（2）服务期采矿活动可能引发、加剧崩塌地质灾害预测

评估区服务期采煤沉降影响区域较近期由西部向中部现状采空区扩展，造成新的崩塌地质灾害可能性小，可能加剧的崩塌点较近期增加了 BT11、BT14 和 BT15：BT11 崩塌点规模

为小，BT14、BT15 规模中等，服务期将加剧对 BT14 和 BT15 的影响，可能造成坡脚人工河床的进一步破坏，直接经济损失 100 万～500 万元，依据《矿山地质环境保护与恢复治理方案编制规范》（DZ/T 0223—2011）附录 E "矿山地质环境影响程度分级表" 中规定，服务期内采矿活动引发的崩塌地质灾害影响程度分级为 "较轻～较严重"。

服务期影响区内不存在新的地面建设工程。

（3）服务期采矿活动可能引发、加剧滑坡地质灾害预测

服务期影响区域新增影响有 HP7、HP8、HP8-1、HP13-1 和 HP13-2 滑坡，HP7 滑坡为小型滑坡，坡脚机耕路鲜有行人，无直接威胁对象，地质灾害影响程度为 "较轻"。

HP13-1、HP13-2、HP8 和 HP8-1 规模中～大型，威胁对象均为磺厂沟风井及风井道路，滑动方向与沉陷盆地边缘扩大方向一致，有利于滑体加剧危险，综合预测影响程度为 "严重"。

服务期影响区内不存在新的地面建设工程。

（4）服务期采矿活动可能引发、加剧泥石流地质灾害预测

服务期影响沟谷汇水区域较近期将增加对中部沟谷的影响，不影响东部沟谷，不会因采煤沉陷改变大的地形地貌和物源分布，矸石堆场、排水设施和绿化措施按设计进行，预测服务期不会引发和加剧泥石流地质灾害。

服务期不会引发泥石流地质灾害，不存在对地面建设工程的影响。

（5）服务期预测评估结论

根据上述对崩塌、滑坡、已有采空区影响、泥石流预测和矿井服务期地裂缝地面塌陷预测，评估对照《矿山地质环境保护与恢复治理方案编制规范》（DZ/T 0223—2011）附录 E 表 E.1，将评估区内地质灾害影响程度分为较轻区、较严重区和严重区，具体说明见表 5-3。

表 5-3　地质灾害影响程度服务期预测评估说明表

分区名称	影响程度分级			面积（hm²）	占评估区面积比例（%）	评估结果说明
	编号	分布	分级			
影响程度分区	A_1	104 省道附近塌陷区	严重	16.97	0.37	沉陷区产生的地面塌陷地裂缝影响程度严重
	A_2	其他区域地灾严重	严重	5.83	0.12	
	A_3	磺厂沟附近	严重	7.63	0.16	未来开采将增强对沟谷内既有地灾的影响，已有的地裂缝地面塌陷范围进一步扩大
	A_4	村庄	严重	1.19	0.03	已搬迁的莲叶塔村不再留设保护煤柱
	B_1	矿区东部	较严重	4.49	0.10	矿区已沉陷未来不再受开采影响的崩塌滑坡区域
	B_2	塌陷区	较严重	63.82	1.38	未来开采影响的、现状扩大化的沉陷区
	B_3	泥石流	较严重	59.03	1.28	玉门沟物源、流通区两侧较陡峭的沟底附近
	C		较轻	4460.13	96.56	服务期不受地质灾害影响或影响较轻区域
合计				4619.09	100.00	

第二节　含水层破坏预测评估

1. 近期采矿对含水层影响预测

（1）采矿活动对含水层结构的影响预测

开采沉陷对地下含水层的影响主要是因为采煤开采后煤层顶板发生垮落，形成垮落带、裂隙带（两者之和称为导水裂隙带），从而使含水层结构遭受破坏，导致地下水漏失，水位下降，并间接对与被破坏含水层有水力联系的其他含水层产生影响。含水层的破坏程度取决于覆岩破坏形成的导水裂隙带高度，根据《建筑物、水体、铁路及主要井巷煤柱留设与压煤开采规程》中的有关公式，开采煤层时的导水裂隙带发育高度计算结果见表5-4。

表5-4　各煤层导水裂隙带最大高度计算表

煤层	煤层间距（m）	平均采厚（m）	顶板类别	计算公式	计算值（m）
2		2.61	中硬	$H_{li} = \dfrac{100 \sum M}{1.6 \sum M + 3.6} \pm 5.6$	39.12 ~ 27.92
	1.49				
3上		1.49	中硬	$H_{li} = \dfrac{100 \sum M}{1.6 \sum M + 3.6} \pm 5.6$	30.50 ~ 19.30
	6.33				
3下		1.54	中硬	$H_{li} = \dfrac{100 \sum M}{1.6 \sum M + 3.6} \pm 5.6$	31.01 ~ 19.81
	74.68				
8		3.95	坚硬	$H_{li} = \dfrac{100 \sum M}{1.2 \sum M + 2.0} \pm 8.9$	67.51 ~ 49.71
	1.84				
9		3.31	中硬	$H_{li} = \dfrac{100 \sum M}{1.6 \sum M + 3.6} \pm 5.6$	42.81 ~ 21.61

注：H_{li}——导水裂隙带高度（m），M——采厚（m），$\sum M$——累计采厚

从导水裂隙带的计算可知，西铭井田开采破坏的主要含水层为松散冲积层与基岩风化裂隙含水层、山西组砂岩含水层及太原组薄层灰岩含水层。受破坏及影响的含水层均为弱 ~ 极弱的含水层，影响高度计算如表5-4，结合现状开采对含水层结构的影响，未来主要开采的2、3下、8号煤层将加剧破坏上部含水层结构，预测近期对含水层结构影响程度严重。

（2）采矿活动对含水层水位的影响预测

井田近期开采区域主要位于西部，大部分位于老采空区域，总体埋深较已采区域大，导水裂隙带与第四系孔隙含水层垂向距离增大，对其影响较轻。

下石盒子组含水层和山西组上部灰岩及砂岩含水层受2、3号煤层开采影响，山西组下部砂岩含水层、太原组含水层受8、9号煤层开采影响，含水层结构受到严重影响或破坏。

近期开采区奥灰水水位标高815 m，井田内可采煤层最低处底板标高922 m，各煤层底

板标高均高于奥灰水最高水位，矿井内无带压开采区，对奥灰水影响较轻。

（3）采矿活动对含水层水量的影响预测

近期开采煤层煤水文地质条件与现状类似，根据西铭矿 2014—2019 年矿井开采条件和矿井涌水量情况可知：西铭矿未来开采煤层不变，开采水平、开拓方式、采煤方法、矿井生产能力和年原煤生产天数不变，矿井地质条件（断层陷落柱比较发育）和矿井水文地质条件（开采煤层顶板为弱富水性含水层）相似，开采深度变化不大。因此，预计西铭矿未来矿井正常涌水量和最大涌水量变化不大，矿井正常涌水量维持在 228 m³/h 左右，矿井最大涌水量维持在 360 m³/h 左右。

（4）近期对含水层破坏预测结论

近期采矿活动主要分布在矿井西部，受导水裂隙带影响，下石盒子组含水层和山西组上部灰岩及砂岩含水层受 2、3 号煤层开采影响，山西组下部砂岩含水层、太原组含水层受 8、9 号煤层开采影响，含水层结构受到严重影响或破坏。煤层开采段含水层水位下降幅度较大，开采煤层顶板上地下水呈半疏干状态，上部松散冲积层与基岩风化裂隙含水层受煤层开采形成的地面裂缝影响，导入下部含水层中，水位下降，局部呈疏干或半疏干状态。矿井正常涌水量平均 5472 m³/d，最大涌水量为 8640 m³/d，属于 3000～10000 m³/d，因而现状下采矿活动对含水层水量影响较严重。

综上，近期采矿活动对含水层的影响程度为"严重"，预测评估分区说明见表 5-5。

表 5-5　含水层影响程度近期评估说明表

分区名称	影响程度分级			面积（hm²）	占评估区面积比例（%）	评估结果说明
	编号	分布	分级			
影响程度分区	A	西部近期开采区域	严重	3093.59	66.97	分布于矿区内西部区域，采矿对含水层破坏严重，地下水呈半疏干状态，地下水水位下降幅度较大，影响程度严重
	C	较轻		1525.70	33.03	无采空区分布区域
合计				4619.29	100.00	

2. 服务期采矿对含水层影响预测

（1）采矿活动对含水层结构的影响预测

开采沉陷对地下含水层的影响主要是因为采煤开采后煤层顶板发生垮落，形成垮落带、裂隙带（两者之和称为导水裂隙带），从而使含水层结构遭受破坏，导致地下水漏失，水位下降，并间接对与被破坏含水层有水力联系的其他含水层产生影响。含水层的破坏程度取决于覆岩破坏形成的导水裂隙带高度，根据《建筑物、水体、铁路及主要井巷煤柱留设与压煤开采规程》中的有关公式，从导水裂隙带的计算可知，西铭井田开采破坏的主要含水层为松散冲积层与基岩风化裂隙含水层、山西组砂岩含水层及太原组薄层灰岩含水层。结合现状开采对含水层结构的影响，未来主要开采的 8、9 号煤层将加剧破坏上部含水层结构，预测服务期对含水层结构影响程度严重。

（2）采矿活动对含水层水位的影响预测

井田服务期开采区域主要位于西部，大部分位于老采空区域，总体埋深较已采区域大，导水裂隙带与第四系孔隙含水层垂向距离增大，对其影响较轻。

山西组下部砂岩含水层、太原组含水层受 8、9 号煤层开采影响，含水层结构受到严重影响或破坏。

服务期开采区奥灰水水位标高 815 m，井田内可采煤层最低处底板标高 922 m，各煤层底板标高均高于奥灰水最高水位，矿井内无带压开采区，对奥灰水影响较轻。

（3）采矿活动对含水层水量的影响预测

服务期开采煤层煤水文地质条件与现状类似，根据西铭矿 2014—2019 年矿井开采条件和矿井涌水量情况可知：西铭矿未来开采煤层不变，开采水平、开拓方式、采煤方法、矿井生产能力和年原煤生产天数不变，矿井地质条件（断层陷落柱比较发育）和矿井水文地质条件（开采煤层顶板为弱富水性含水层）相似，开采深度变化不大。因此，预计西铭矿未来矿井正常涌水量和最大涌水量变化不大，矿井正常涌水量维持在 228 m³/h 左右，矿井最大涌水量维持在 360 m³/h 左右。

（4）服务期对含水层破坏预测结论

服务期采矿活动主要分布在矿井西部，受导水裂隙带影响，下石盒子组含水层和山西组上部灰岩及砂岩含水层受 2、3 号煤层开采影响，山西组下部砂岩含水层、太原组含水层受 8、9 号煤层开采影响，含水层结构受到严重影响或破坏。煤层开采段含水层水位下降幅度较大，开采煤层顶板上地下水呈半疏干状态，上部松散冲积层与基岩风化裂隙含水层受煤层开采形成的地面裂缝影响，导入下部含水层中，水位下降，局部呈疏干或半疏干状态。矿井正常涌水量平均 5472 m³/d，最大涌水量为 8640 m³/d，属于 3000～10000 m³/d，因而现状下采矿活动对含水层水量影响较严重。

综上，服务期采矿活动对含水层的影响程度为"严重"，预测评估分区说明见表 5-6。

表 5-6　含水层影响程度服务期评估说明表

分区名称	影响程度分级			面积（hm²）	占评估区面积比例（%）	评估结果说明
	编号	分布	分级			
影响程度分区	A	矿井大部分区域	严重	2987.62	64.68	分布于矿区内大部分区域，采矿对含水层破坏严重，地下水呈半疏干状态，地下水水位下降幅度较大，影响程度严重
	C		较轻	1631.67	35.32	无采空区分布区域
合计				4619.29	100.00	

第三节　矿山地形地貌景观破坏预测评估

1. 地面建设工程对矿区地形地貌景观破坏预测分析

近期及服务期将不再新建工业场地，影响程度较轻。服务期小西铭排矸场将向西侧更深处排放，加剧影响了工业广场生活区和104省道可视范围内地形地貌景观破坏，预测破坏程度严重。

地面已经建设的工业场地及相应的人工建筑、边坡削切改变了原生地形地貌，且处于近期的使用中，无法恢复原地形地貌自然景观，影响程度严重。

2. 煤炭开采影响区对矿区地形地貌景观破坏预测分析

西铭矿近期及服务期开采范围总体位于矿区西部，原始地形地貌较已开采区更为完整，不存在各类自然保护区、风景旅游区和交通干线。近期及服务期开采引起的最大塌陷深度约3200 mm，工作面总体位于几个集中采区内，未来形成的塌陷盘底边缘可能形成永久性的地裂缝，将严重破坏原地形地貌，塌陷盆地内部将产生随时间自动闭合的小型地裂缝，对于原本高差较大、植被覆盖高的地形地貌影响较轻。

3. 地形地貌景观预测评估结论

近期无新建工业场地，原有工业场地持续造成地形地貌景观"严重"影响，排矸场仍在小南峪既有破坏区域内进行，对地形地貌景观影响程度"较轻"，见表5-7。

服务期小南峪排矸场将向西侧更深排放，对地形地貌景观影响程度"严重"，见表5-8。

表5-7　地形地貌景观影响程度近期评估说明表

分区名称	影响程度分级			面积（hm²）	占评估区面积比例（%）	评估结果说明
	编号	分布	分级			
影响程度分区	A	工业场地及矸石场	严重	114.23	2.47	工业场地改变了原地形地貌格局
	C		较轻	4505.06	97.53	其他无影响区，山区地形地貌起伏大，植被覆盖完好，未因采煤沉陷产生较大变化
合计				4619.29	100.00	

表5-8　地形地貌景观影响程度服务期评估说明表

分区名称	影响程度分级			面积（hm²）	占评估区面积比例（%）	评估结果说明
	编号	分布	分级			
影响程度分区	A	工业场地及矸石场	严重	221.27	4.79	工业场地改变了原地形地貌格局
	C		较轻	4398.02	95.21	其他无影响区，山区地形地貌起伏大，植被覆盖完好，未因采煤沉陷产生较大变化
合计				4619.29	100.00	

第四节　土地资源影响预测评估

经过对开采工作面的预测分析，并充分结合矿区内已开采情况对土地资源的影响情况，

77

未来工作面开采对土地资源的影响仍然是通过地面沉降、倾斜导致地面塌陷、地裂缝及地质灾害加剧的形式进行。采区各煤层开采后，土地环境将进一步恶化，对土地资源已造成了一定的影响。各煤层开采后，随着煤层采空区的形成与发展扩大，会不同程度影响地表的稳定。由前文述及地表变形特征值计算可以看出，全区各煤层开采后，地表沉降的同时会伴生有地裂缝、地面塌陷等，将对评估区土地资源会产生大的影响。另外，土地塌陷后，在局部坡度变陡和裂缝密集地块，会造成水土流失，土地保水性减弱，表层土壤中的黏粒下移，使表层土壤沙化。土壤有机质、全氮、速效磷养分含量会减少，从而影响到作物的产量，造成开采地段内旱地减产，影响严重区往往迫使耕地弃耕等。由于坡度增加和裂缝增加，地表径流、深层渗漏和无效蒸发，降水资源利用率可能比塌陷前减少 10% ~ 20%，所有这些因素，都可能使矿区内地表植被的生长受到影响，地表自然植被率降低。

工业场地面积为 91.68 hm²，风井场地面积为 3.97 hm²，占用地类为采矿用地和城市。达到服务期后，采矿用地进行拆除。

矸石场占地面积为 18.57 hm²，占地类型为采矿用地和其他林地。

综上所述，对照《矿山地质环境保护与恢复治理方案编制规范》（DZ/T 0223—2011）附录 E 表 E.1 矿山地质环境影响程度分级表，以上破坏林地或草地大于 4 hm²，近期及服务期评估已有采空区影响范围、工业场地、风井场地、矸石场对土地资源的破坏与影响程度严重，其他未开采区域对土地资源影响与破坏较轻，见表 5-9 和表 5-10。

表 5-9　土地资源影响程度近期评估说明表

分区名称	影响程度分级			面积（hm²）	占评估区面积比例（%）	评估结果说明
	编号	分布	分级			
影响程度分区	A₁	塌陷区	严重	9.70	0.21	塌陷及工业场地影响了原土地资源的使用
	A₂	工业场地	严重	114.23	2.47	
	B	塌陷区	较严重	14.25	0.31	塌陷区对原土地资源造成了较严重的影响
	C		较轻	4481.11	97.01	其他无影响区
合计				4619.29	100.00	

表 5-10　土地资源影响程度服务期评估说明表

分区名称	影响程度分级			面积（hm²）	占评估区面积比例（%）	评估结果说明
	编号	分布	分级			
影响程度分区	A₁	塌陷影响区	严重	24.28	0.53	塌陷及工业场地影响了原土地资源的使用
	A₂	工业场地	严重	114.23	2.47	
	B	塌陷影响区	较严重	159.71	3.46	塌陷区对原土地资源造成了较严重的影响
	C		较轻	4321.07	93.54	其他无影响区
合计				4619.29	100.00	

第五节 矿山地质环境预测评估

1. 矿山近期采矿活动对矿山地质影响预测综合评估

预测受未来地下开采影响，工业场地附近工作面位于保护煤柱外，且均位于山沟内，不受地面塌陷、地裂缝、崩塌、滑坡的影响，泥石流影响区距工业场地远，地质灾害对工业场地影响程度较轻；近期开采沉陷及地裂缝将集中反映在东部104省道附近，对104省道区域影响程度严重，其余部分沉降量较大的陡峭山脊、山坡区域影响程度较严重～严重。

预测煤层开采后主要含水层结构遭受破坏，水位下降幅度大，逐步呈疏干状态，采空区对含水层影响与破坏严重。

预测工业场地、风井场地、矸石场、受影响村庄对地形地貌景观的影响程度严重。

矿井近期开采沉陷损毁区域形成的地面塌陷部分影响范围、工业场地、风井场地、矸石场对土地资源影响程度严重～较严重，其他区域对土地资源影响程度较轻。

根据上述预测结果，对照《矿山地质环境保护与恢复治理方案编制规范》（DZ/T 0223—2011）附录E表E.1矿山地质环境影响程度分级表，将评估区全部划分为严重区、较严重区和较轻区，分布于工业场地、风井场地、矸石场、拟损毁范围及含水层影响范围，面积及说明情况详见矿山近期地质环境预测综合评估说明表5-11。

表5-11 矿山近期地质环境预测综合评估说明表

影响程度分级	分布范围	代码	面积（hm²）	占比（%）	确定因素			
					地质灾害	含水层	地形地貌景观	土地资源
严重	塌陷影响严重区	A₁	9.70	0.18	地面塌陷、地裂缝地质灾害危险性大	主要含水层结构破坏，产生导水通道，地表裂缝贯通地表地下水	对地形地貌景观影响较轻	对土地资源影响和破坏较严重～严重
	矸石场	A₂	14.25	0.27	分层、留坡设置，产生地质灾害可行性小，危险性小	对含水层影响较轻	改变了原有地形地貌，位于工业广场道路可视范围内，影响严重	破坏了原有土地功能，对土地资源影响严重
	工业场地及村庄	A₃	902.87	16.82	位于沟谷内，地质灾害危险性小	对含水层影响较轻	改变了原地形地貌格局，影响严重	丧失了原土地功能，影响严重
	含水层影响区	A₄	3093.59	57.64	地质灾害危险性小	主要含水层结构破坏	对地形地貌景观影响较轻	对土地资源影响较轻

影响程度分级	分布范围	代码	面积（hm²）	占比（%）	确定因素			
					地质灾害	含水层	地形地貌景观	土地资源
较严重	玉门沟泥石流	B	59.03	1.10	地质灾害危险性中等	对含水层影响较轻	对含水层影响较轻	对土地资源影响较轻
较轻		C	1287.59	23.99	地灾灾害危险性小或不发育地质灾害	服务期内不采煤，不造成含水层结构破坏	地形地貌景观无影响	对土地资源影响较轻
合计			5367.03	100.00				

2. 矿山服务期采矿活动对矿山地质影响预测综合评估

在矿山服务期内，随着煤炭开采的逐步推进，预测受未来开采影响，工业场地附近工作面位于保护煤柱外，且均位于山沟内，不受地面塌陷、地裂缝、崩塌、滑坡的影响，泥石流影响区距工业场地远，地质灾害对工业场地影响程度较轻；开采沉陷及地裂缝将集中反映在东部104省道附近，对104省道区域影响严重，其余部分沉降量较大的陡峭山脊、山坡区域影响较严重；中部碛厂沟附近地质灾害将进一步加强，影响程度严重；莲叶塔村已搬迁未留保护煤柱，受地面塌陷影响严重。

预测煤层开采后主要含水层结构遭受破坏，水位下降幅度大，逐步呈疏干状态，采空区对含水层影响与破坏严重。

预测工业场地、风井场地、矸石场、受影响村庄对地形地貌景观的影响程度严重。

矿井服务期开采沉陷损毁区域形成的地面塌陷反映至西铭山区地形后，部分影响范围、工业场地、风井场地、矸石场对土地资源影响严重～较严重，其他区域对土地资源影响较轻。

根据上述预测结果，对照《矿山地质环境保护与恢复治理方案编制规范》（DZ/T 0223—2011）附录E表E.1矿山地质环境影响程度分级表，将评估区全部划分为严重区、较严重区和较轻区，分布于工业场地、风井场地、矸石场、拟损毁范围及含水层影响范围，面积及说明情况详见矿山服务期地质环境预测综合评估说明表5-12。

表5-12　矿井服务期地质环境预测综合评估说明表

影响程度分级	分布范围	代码	面积（hm²）	占比（%）	确定因素			
					地质灾害	含水层	地形地貌景观	土地资源
严重	塌陷影响严重区	A₁	24.29	0.50	地面塌陷、地裂缝地质灾害危险性大	主要含水层结构破坏	对地形地貌景观影响较轻	对土地资源影响和破坏严重

续表

影响程度分级	分布范围	代码	面积（hm²）	占比（%）	确定因素			
					地质灾害	含水层	地形地貌景观	土地资源
严重	磺厂沟崩塌	A_2	0.90	0.02	崩塌规模中等，受重复采动影响，地质灾害危险性大	表层地表水体流失	改变了评估区的地形地貌景观格局，对原生地形地貌景观影响严重	破坏了原有土地功能，对土地资源影响严重
	磺厂沟滑坡	A_3	6.53	0.13	崩塌规模中等，受重复采动影响，地质灾害危险性大	表层地表水体流失，影响较严重	改变了评估区的地形地貌景观格局，对原生地形地貌景观影响严重	
	104省道边崩塌	A_4	0.0064	0.00	崩塌规模小，对道路危险性大		对地形地貌影响小	破坏了原有土地功能，对土地资源影响严重
	矸石场	A_5	6.94	0.14		对含水层影响较轻	改变了原有地形地貌，位于工业广场道路可视范围内，影响严重	
	工业场地	A_6	95.66	1.97	地质灾害规模小，诱发地质灾害可能性小		改变了原地形地貌格局，影响严重	
	村庄和风井场地	A_7	1.19	0.02			拆除后改变原始地形地貌	村庄拆迁后提高可优化土地功能
	含水层破坏	A_8	3105.91	63.98		主要含水层结构破坏	对原生地形地貌景观破坏程度轻	对土地资源影响轻
	路边崩塌点	A_9	1.08	0.02	地质灾害规模小~中等，地质灾害危险性中等	含水层影响严重区	对地形地貌景观影响轻	
	东部滑坡	A_{10}	3.41	0.07				
	塌陷影响区	A_{11}	193.67	3.99			地形地貌景观影响较严重	对土地资源破坏较严重

影响程度分级	分布范围	代码	面积（hm²）	占比（%）	确定因素			
					地质灾害	含水层	地形地貌景观	土地资源
较严重	泥石流	B	58.01	1.20	地质灾害危险性中等	对含水层影响较轻	对含水层影响较轻	对土地资源影响较轻
较轻		C	1356.75	27.96	地质灾害危险性小或不发育地质灾害	服务期内不采煤，不造成含水层结构破坏	地形地貌景观无影响	对土地资源影响较轻
合计			4854.3464	100.00				

第六节　采矿拟损毁土地预测及程度分析

西铭矿工业广场地广场和风井场地未来不再扩建即不造成新的压占土地损毁。小西铭矸石场将作为周转场地在近期持续扩大。

拟损毁土地将全部来源于工作面接续开采造成的沉陷损毁，现分析如下。

1. 采煤沉陷区土地损毁程度的分析

（1）地表沉陷对土地的影响

影响采煤沉陷范围内土地损毁程度的主要因素有下沉、平移、倾斜、曲率和拉伸、压缩等水平变形。下面分析各种移动、变形对土地损毁程度的影响。从理论上讲，如果地表在同一瞬间发生相同的整体性下沉或平移对土地是不会产生有害影响的。对土地的有害影响主要是下沉或平移的不同时和不均衡，即表现为倾斜、曲率和拉伸、压缩等变形。

（2）倾斜和曲率

倾斜和曲率是采煤沉陷引起的竖直面上的变形，是由于地面相临点间下沉不均衡所致。在中硬覆岩水平～缓倾斜煤层倾斜长壁厚煤层综采一次采全高大面积开采条件下，沉陷区的地表附加倾角和曲率随采厚的增加而增大，随采深的增加而减小，其中尤以曲率随采深的增加而很快减小。沉陷区地表倾斜变形对土地的影响显然是使地面产生一个附加倾斜。

众所周知，土地抗弯能力很小，当地表的附加曲率超过 $\pm(0.2\sim0.3)\times10^{-3}/m$ 时，一般黄土地面特别是耕地即可出现不同程度的裂缝或鼓胀，曲率变形越大，对土地的损毁程度越严重。

（3）水平拉伸和压缩变形

水平变形是采煤沉陷区地表相邻点水平移动不均衡所致。平地长壁陷落法开采沉陷区的水平变形分布与曲率变形相似，即正曲率部位出现水平拉伸变形，负曲率部位出现水平压缩变形。观测和研究表明，土地抗拉伸和压缩的能力很小，一般黄土地面或耕地承受 2 mm/m 左右的拉伸变形即可出现裂缝。由于开采工作面推进过程中，其前方地表一定范围内出现水平拉伸变形，而后方地表一定范围内出现水平压缩变形。虽然在回采停止后，永久性的水平拉伸变形分布在采空区地表移动盆地的边缘部分，水平压缩变形分布在采空区地表移动盆地的中央部分，但在开采过程中，沉陷区的全部地表都已经受过动态水平拉伸和压缩的变形，因而在一定开采条件下，当地表水平变形超过 2 mm/m 时，沉陷区的土地将产生不同程度的裂缝。水平变形越大，地表裂缝也就越严重。沉陷区附加水平变形值随采厚的增加而增大，随采深的增大而减小。

（4）沉陷区地表移动变形与土地损毁程度的综合分析

通过前面的分析可知：山区丘陵低潜水位沉陷区，地形起伏大，潜水位低，沉陷区形不成沉陷盆地，也不会积水，因而土地损毁程度主要取决于沉陷裂缝的宽度和密度，即取决于地表变形值大小。西铭矿的高山深谷、覆盖层较薄、陡峭的山脊山梁分布区域以及覆盖层较厚的平坦区，容易形成地裂缝，甚至造成滑坡、崩塌等地质灾害，从而损毁土地。其他山坡及沟谷区，即使沉降、变形量很大，也极少出现可见的地裂缝，对地表植被也影响较小。

对于采煤沉陷拟损毁土地，可根据国土资源部制定的《土地复垦方案编制规程——井工煤矿》（TD/T 1031.3—2011）附录 3 中所推荐的土地损毁程度进行评定。

综上所述，对未来沉陷拟损毁土地的预测，不应孤立地采用某一指标，而应兼顾相关的指标与西铭矿地形地质条件进行综合分析。分析时利用 ArcGIS 软件空间分析功能和属性分析功能，将预测的等值线成果与土地利用现状数据进行叠加分析，得出每一阶段的损毁程度、损毁地类等。

2. 重复损毁土地

已损毁土地中矸石山和取土场按规划时空次序破坏，不存在重复损毁情况。

评估区土地存在重复损毁情况主要表现在采空塌陷区交叠造成的地表多次沉陷损坏。西铭矿未来仅开采煤层，大部分拟采区上部煤层已开采完毕，地表的重复采动影响表现为下沉系数增大，移动变形值增大，破坏程度加强，移动变形角值减小，影响范围增大，因此，重复采动导致采空区的地表沉降量、地表倾斜变形、地表水平位移及地表曲率变形都呈增大趋势，多煤层开采造成采空区地表变形更加强烈。

通过未来沉降范围的预测计算，重复损毁面积 1883.91 hm²，重复损毁土地在稳沉后按重复损毁的程度进行复垦工程设计和时序安排。

第七节　生态环境破坏预测评估

1. 大气污染变化情况

（1）西铭矿成立以来取暖主要以燃煤锅炉为主，燃煤锅炉排放污染物主要有粉尘、SO_2 和 NO_x，近年来西铭矿开始"煤改电"改造，该矿陆续拆除蒸汽锅炉房 4 座，常压锅炉房 4 座，安装建设空气源热泵站点 31 处，设备 304 台，至 2017 年 11 月，矿区"煤改电"工程全部完成。

风井场地热风炉"煤改电"改造项目也于 2019 年年底全部完成。

（2）原煤在转载、运输过程中产生一定量的粉尘，原煤输送采用全封闭输煤廊道，洗选后的原煤、精煤分别用筒仓储存，通过铁路外运。

（3）西铭矿选煤厂原煤振动分级筛、选择性破碎机及胶带输送机受料点等为产尘点，运营过程中容易产生粉尘，在产尘点分别布置布袋除尘器，处理后排入大气，除尘效率 99%。

通过采取"煤改电"工程、原煤输送与储存封闭式管理等措施，有效降低生产过程中大气污染物的产生。

2. 水污染变化情况

（1）生活污水收集后，通过管道输送至市政污水处理厂处理。

（2）矿井水分为上水平和下水平两个矿井水处理站。

①上水平矿井水处理站。

上水平矿井水处理站于 1987 年 7 月开工建设，1989 年 7 月投入运行，2013 年进行了改造，改造后矿井水处理工艺为原水—调节池—高效沉淀池—中间水箱—多介质过滤器—活性炭过滤器—精密过滤器—超滤装置—清水池，处理能力为 2400 m^3/d，处理后可达到《煤炭工业污染物排放标准》，2019 年对上水平矿井水处理站进行改造，新增一套 1000 m^3/d 反渗透系统。反渗透的出水达到《地表水环境质量标准》（GB 3838—2002）Ⅲ类标准。上水平矿井水处理站的出水全部回用不外排，不会对水环境造成影响。

②下水平矿井水处理站。

下水平矿井水处理站处理能力为 5000 m^3/d，处理后的出水一部分回用于洗煤厂，不能利用的部分达标外排。为满足矿井涌水量的要求，2020 年内完成下水平矿井水处理站扩容升级改造，改造后处理能力为 9000 m^3/d，外排部分水质达到《地表水环境质量标准》（GB 3838—2002）Ⅲ类水质标准。

3. 固体废弃物污染变化情况

（1）煤矸石安全处置措施。

西铭矿现有的矸石设施有矸石筒仓，矸石由运矸车辆运至矸石场排矸点进行处置，西铭矿正在使用的矸石场为小西铭矸石场，小西铭矸石场于 2014 年 2 月开始排放，分为两期，现一期小南沟已闭库，正在治理，治理工程已完成东南坡整形，北侧 8 级坡整形，整形面积

4.9 万 m²。二南沟正在排矸，据西铭矿产矸量，2023 年二南沟将闭库。

（2）固废堆存点。

固废堆存点治理工程：西铭矿共有 5 个固体废弃物堆存点，均为历年来燃煤锅炉所产生的炉渣。2 号、4 号点炉渣及矸石清运至 1 号和 3 号点处理；对清运后的裸露面积覆土，植被绿化，采用乔灌草植被体系，恢复地形地貌景观；对 1 号和 3 号炉渣及矸石就地治，采取挡护、削坡、排水、覆土和植被绿化措施；5 号点废渣就地治理，采取平整、排水、覆土和植被绿化措施，工程于 2018 年 9 月 23 日开工，2019 年 12 月 8 日完工。

第六章

矿山环境保护与恢复治理目标、任务及年度计划

第一节　矿山环境保护与恢复治理原则、目标、任务

一、矿山地质环境保护与恢复治理目标任务

1. 地质环境保护与治理恢复原则

根据《地质灾害防治条例》《矿山地质环境防治规定》《矿山地质环境保护与恢复治理方案编制规范》总则，确定矿山地质环境保护与恢复治理的原则：

①遵循"以人为本"的原则，确保人居环境的安全，提高人居环境质量。

②坚持"预防为主、防治结合""在保护中开发、在开发中保护""依据科技进步、发展循环经济、建设绿色矿业""因地制宜，边开采边治理"的原则。

③坚持"谁开发谁保护，谁破坏谁治理"的原则。

④坚持"总体部署，分期治理"的原则。

2. 地质环境保护与治理恢复目标

为保护矿山地质环境，减少矿产资源开采活动造成的矿山地质环境破坏，保护人民生命和财产安全，促进经济的可持续发展，实现经济效益、环境效益和社会效益的统一，达到保护和恢复矿区地质环境与自然生态环境的目的，规范采矿活动，实现资源开发利用与地方经济建设和自然生态环境协调发展，总体目标：

①地质灾害得到有效防治，地质灾害防治率达到100%，最大限度地避免因地质灾害造成人员伤亡和重大财产损失。

②地形地貌景观得到有效恢复，植被覆盖率达到40%。

③建立矿山地质环境监测网络，开展地质灾害、含水层、地形地貌等监测预警工程。

3. 地质环境保护与治理恢复任务

①按照相关规程规范对村庄、工业广场和六部门要求留设保护煤柱。

②对破坏的土地裂缝、塌陷进行填埋、夯实、平整工作。

③对破坏的地形地貌景观进行恢复工作。

④建立和完善矿山地质环境监测系统，定期对地面裂缝、地面塌陷、崩滑流、地下水位、水质、水量进行监测。

二、土地复垦目标任务

依据土地复垦适宜性评价结果，本方案共规划复垦土地 3290.90 hm²，土地复垦率100%，复垦后一级地类面积为：耕地 73.49 hm²，园地 22.22 hm²，林地 2918.14 hm²，草地 214.33 hm²，交通运输用地 21.70 hm²，其他土地 14.52 hm²，城镇村及工矿用地 26.52 hm²。

土地利用结构调整见表6-1，分区县的见表6-2。

表6-1 复垦前后土地利用结构调整表

一级地类		二级地类		复垦面积（hm²）		
编码	地类	编码	地类	复垦前	复垦后	变幅
01	耕地	013	旱地	73.49	73.49	0.00
02	园地	021	果园	22.22	22.22	0.00
03	林地	031	有林地	1124.51	1175.97	51.46
		032	灌木林地	1063.17	1112.01	48.84
		033	其他林地	649.75	630.16	-19.59
04	草地	043	其他草地	228.88	214.33	-14.55
10	交通运输用地	104	农村道路	21.70	21.70	0.00
12	其他土地	123	田坎	14.52	14.52	0.00
		127	裸地	50.86	0.00	-50.86
20	城镇村及工矿用地	201	城市	0.58	0.58	0.00
		203	村庄	27.06	21.84	-5.22
		204	采矿用地	13.41	4.05	-9.36
		205	风景名胜及特殊用地	0.75	0.05	-0.70
合计				3290.90	3290.92	0.02

表 6-2　分区县复垦前后土地利用结构调整表

区县	一级地类		二级地类		复垦面积（hm²）		
	编码	地类	编码	地类	复垦前	复垦后	变幅
万柏林区	01	耕地	013	旱地	73.49	73.49	0.00
	02	园地	021	果园	22.22	22.22	0.00
	03	林地	031	有林地	1010.09	1045.20	35.11
			032	灌木林地	1059.55	1108.39	48.84
			033	其他林地	567.68	549.88	-17.80
	04	草地	043	其他草地	12.36	12.36	0.00
	10	交通运输用地	104	农村道路	21.62	21.62	0.00
	12	其他土地	123	田坎	14.52	14.52	0.00
			127	裸地	50.86	0.00	-50.86
	20	城镇村及工矿用地	201	城市	0.58	0.58	0.00
			203	村庄	25.79	20.57	-5.22
			204	采矿用地	13.41	4.05	-9.36
			205	风景名胜及特殊用地	0.75	0.05	-0.70
古交市	03	林地	031	有林地	114.42	130.77	16.35
			032	灌木林地	3.62	3.62	0.00
			033	其他林地	82.07	80.28	-1.79
	10	草地	043	其他草地	216.53	201.97	-14.56
	12	交通运输用地	104	农村道路	0.07	0.07	0.00
	20	其他土地	203	村庄	1.27	1.27	0.00
合计					3290.90	3290.91	0.01

三、生态环境保护与恢复治理目标任务

1. 生态环境保护与恢复治理的总体目标

西铭矿生态环境恢复治理方案的总体目标，是通过该方案的实施，树立科学发展观，应用清洁生产和循环经济发展模式，彻底破除"先破坏、后恢复，先污染、后治理"的旧观念，实施"预防为主、防治结合、全程控制、综合治理"的环保新战略，改善矿区生态环境，实现矿产开发与矿山生态环境保护协调发展。

到 2024 年，使矿区的主要环境问题得到解决，把西铭矿建设成景观优美、空气清新的生态型新矿区，使西铭矿走上一条新兴的可持续发展之路。

2. 阶段性目标

本方案实施时限为 5 a，以 2019 年为基准年，方案实施期限为 2020—2024 年。

根据晋环发〔2007〕288号文"关于发布《山西省生态示范矿井生态环境保护标准》的通知"中生态环境保护标准指标，并结合生态环境的现状调查情况，确定本期方案具体规划目标及指标见表6-3。

表6-3　西铭矿矿山生态环境恢复治理综合整治目标及指标体系

指标名称	内容	百分比（%）				
		2020年	2021年	2022年	2023年	2024年
小西铭二南沟矸石场防自燃工程治理	二南沟矸石堆场未封场，正在排矸，呈负地形堆积形态，面积约12000 m^3，工程实施期内需要防止矸石场自燃	25	25	25	25	—
排矸队厂区封闭工程	在排矸队厂区内建设一个矸石缓冲仓，用于暂存未能及时清运的矸石，矸石缓冲仓长144.728 m，宽84.738 m，总封闭面积8223.02 m^2，最大储存量为6万t矸石	100	—	—	—	—
环保设施升级改造完成率	下水平矿井水由5000 m^3/d扩容至9000 m^3/d，外排水质达到《地表水环境质量标准》（GB 3838—2002）Ⅲ类水质标准	100	—	—	—	—
矿区生态环境监控能力建设工程	购置环保数据管理系统，加强生态环境监控能力	20	20	20	20	20

3. 目标的可达性分析

（1）生态保护指标

西铭矿近年来对矿区生态环境保护重要性的认识逐步增强，矸石场恢复治理与防自燃工程经验的不断积累，矿区生态环境监控范围覆盖率，可以在方案期内实现各阶段的目标。

（2）水污染设施改造

随着下水平矿井水处理站升级改造工程的实施，处理后的水质达到现行环保标准，可以实现方案期内各阶段的目标。

（3）矿区生态环境监控指标

通过成立西铭矿生态环境监控专门机构，制定监控制度，完善矿区生态安全应急系统建设，认真贯彻《山西省煤炭企业生态环境保护年审办法》和《山西省矿山生态环境质量季报管理办法》，矿区相应建立年审申报制度和季报制度，可以实现矿区生态环境监控的相关指标。

总之，西铭矿要在方案期内达到方案规划的各项指标水平，存在一定的困难，也有一定的有利条件，通过多方积极努力，在方案期内可以实现各阶段的目标。

第二节　矿山环境保护与恢复治理年度计划

一、矿山地质环境保护与恢复治理年度计划

1. 总体工作部署

按照"以防为主、防治结合、全程控制、综合治理""在保护中开发，在开发中保护、治理"的原则，通过措施布局，力求使采矿活动造成的地质环境问题得以集中和全面的治理，在发挥工程措施控制性和速效性特点的同时，有效防止地质环境问题，恢复和改善矿山地质环境。

本矿井服务年限为 17.92 a，根据矿山地质环境问题类型和矿山地质环境保护与恢复治理分区结果，按照轻重缓急、分阶段实施的原则，按近期（2020—2024 年）和服务期（2025 年—闭坑）进行工作部署。

（1）预防工作总体部署

预防工程先行，对留设保护煤柱的村庄、工矿用地和其他禁采区，开采方法的设计和保护煤柱的留设需在开采之前完成，依法开采，严禁越界开采。留设煤柱村庄、工矿、城市、文物和风景区等单元加强监测，发现问题及时采取维修加固措施。

对已搬迁的莲叶塔村在开采影响前提前确认搬迁情况，核查房屋居住情况，防止返流人员发生人身安全事故，彻底避免采煤塌陷危及村民生命财产安全。对其余实际无人居住村庄同样加强巡检，密切关注地面塌陷特征及来往道路的地质灾害发展发生情况。

（2）矿山地质环境治理工程总体部署

依据采空塌陷、地表稳沉和实地调查情况，参考西山矿区总结的矿山地质环境治理经验，结合山西省采煤沉陷区试点项目治理经验，按照在开发中保护和在保护中开发的原则，对地质灾害、地形地貌损毁和局部土地资源损毁点采取对点治理。

矿区含水层破坏修复工作主要监测工程，加强含水层水位、水量、水质监测。

矿山地质环境治理和监测工程贯穿整个方案服务期，要结合治理经验的积累和当地政策的变化合理调整工作部署。

2. 近期工作部署（2020—2024 年）

①逐步完善西铭矿矿山地质环境监测系统，实施矿山地质环境监测工作，加强对采空塌陷地质灾害、矿区含水层、地形地貌景观和土地资源等实时监测。

②依据开采规划，在采空塌陷影响前，提前确认莲叶塔村搬迁情况，确认搬迁安置措施，避免人员返住，避免危及村民生命财产安全，杜绝安全事故发生。加强对王家沟、马矢山、蒿地峁和大垴上村的巡检。

③落实对未搬迁村庄、风井场地、文物保护区和崛围山风景名胜区的保护煤柱留设，同时加强地面监测巡检，发现问题及时采取修正开采规划、地面建构筑物维修加固等应对措施。

④对矿区东部的崩塌、滑坡点进行治理。

⑤对小卧龙村西南和东北两地块进行地裂缝治理和植被恢复。

⑥对莲叶塔村进行砌体拆除。

⑦对泥石流沟谷内物源进行清理、疏通。

3．服务期工作部署（2025年—闭坑）

①组织管理体系正常运转，资金及时到位，近期工作部署中设立的监测网点正常运作，并随着矿井的开采增设监测点，对重点防治对象进行保护，历史遗留问题得到有效治理，新出现的地质灾害得到有效监控与治理。

②加强对马矢山、大垴上、蒿地茆、土圈头、前后西岭村的巡检。

③对中远期采煤沉陷预测产生的较严重~严重地裂缝进行充填治理。

④对磺厂沟内的崩塌、滑坡地质灾害进行治理。

⑤闭坑前对工业场地、风井场地进行砌体拆除。

⑥对含水层、水质、水量、地面塌陷、地裂缝、崩塌、滑坡、泥石流进行监测。

⑦对矸石场进行黄土覆盖、植被恢复。

4．年度实施计划安排

根据近期工作部署，年度实施计划期为2020—2024年，详细见表6-4。

表6-4　近期地质环境恢复治理计划一览表

年度	主要任务与措施
2020	①对小卧龙东北塌陷地块进行充填治理。 ②总结山西采煤沉陷区专项治理项目的七里沟地质遗迹地质环境治理工程和历史矸石山的治理经验，为后期类似项目的设计施工提供类比数据。 ③建立3个地面塌陷监测点、2个建筑物变形监测点、2个地质灾害监测点、2口含水层监测井、1次卫星图像、3次巡查、2次地表水土污染监测。 ④按相关规程给王家沟、马矢山、蒿地茆村、工业场地、风井场地、文物保护区和崛围山风景区留设保安煤柱
2021	①落实莲叶塔村搬迁遗留房屋建筑情况和人员返住情况，进行砌体结构拆除。 ②对小卧龙西南塌陷地块进行充填治理。 ③对小卧龙BT21和西山第十一小学BT22崩塌点进行治理。 ④建立6个地面塌陷监测点、3个建筑物变形监测点、2个地质灾害监测点、6次巡查、2次地表水土污染监测。 ⑤对上年度开采区域引发的地裂缝、地面塌陷进行治理
2022	①对252县道东侧HP3滑坡进行治理。 ②对玉门沟泥石流上游物源区沟谷进行物源清理与疏通。 ③建立3个地面塌陷监测点、3个建筑物变形监测点、3个地质灾害监测点、3次巡查、2次地表水土污染监测。 ④对上年度开采区域引发的地裂缝、地面塌陷进行治理
2023	①对252县道东侧HP4滑坡进行治理。 ②对玉门沟泥石流中下游流通区沟谷进行物源清理与疏通。 ③对矿区西部104省道附近严重地裂缝进行充填治理。 ④建立3个地面塌陷监测点、3个建筑物变形监测点、3个地质灾害监测点、5次巡查。 ⑤对上年度开采区域引发的地裂缝、地面塌陷进行治理

续表

年度	主要任务与措施
2024	①对 104 省道北侧 BT11 崩塌点进行治理。 ②建立 5 个地面塌陷监测点、3 个建筑物变形监测点、1 个地质灾害监测点、3 次巡查、2 次地表水土污染监测。 ③对上年度开采区域引发的地裂缝、地面塌陷进行治理

二、土地复垦年度计划

1. 土地复垦方案服务年限

西铭矿属生产矿井，矿井剩余服务年限 17.92 a，其中 2 号煤层服务年限为 0.23 a，3下号煤层服务年限为 1.42 a，8 号煤层服务年限为 5.81 a，9 号煤层服务年限为 10.46 a，为保证采区完整性，本方案确定生产服务年限为 18 a，预计矿井稳沉期 3 a、管护期 3 a，因此，确定复垦服务年限为 24 a，复垦基准年为 2019 年，方案服务年限为 2020—2043 年。

2. 土地复垦工作计划安排

制定土地复垦计划时，参考各采区煤层的开采深度以及地表移动时间，再根据各采区工作面的开采规划，确定各分时段采动影响稳定，做出各类应复垦土地以土地利用类型为单元的实施进度和安排，以保证尽快恢复被损毁的耕地和林（园）地等。

原则上开始安排复垦的时间暂定为第一个沉陷区沉陷稳定的时间，但本项目为已采矿井，存在已损毁土地，因此，开始安排复垦的时间从已损毁土地开始，由于地表沉陷稳定的时间滞后于开采结束时间，故复垦工程结束的时间为停采稳沉后约 3 a。按照"近细远粗"的原则，开始复垦的第一年安排少量的土地进行复垦，也可以作为典型试验，以便在复垦工艺、施工管理、人员及时间调配等方面取得经验后再逐步推广。

由于地表稳沉时间和重复采动影响的存在，土地复垦以维护为主，如及时平整，保证不影响土地的正常使用，处于最终稳沉的区域应按照本方案提出的土地复垦标准进行。

根据土地复垦适宜性评价，确定土地复垦目标与任务，依据土地复垦阶段划分合理分解各阶段的土地复垦目标与任务。共复垦土地 3290.92 hm²，其中：耕地 73.49 hm²，园地 22.22 hm²，林地 2918.14 hm²，草地 214.33 hm²，交通运输用地 21.70 hm²，其他土地 14.52 hm²，城镇村及工矿用地 26.52 hm²，土地复垦率 100%。

根据土地复垦方案服务年限，以及原则上以 5 a 为一阶段兼顾预测阶段完整性进行土地复垦工作安排的要求进行土地复垦阶段划分。根据复垦方案服务年限，按阶段制订土地复垦方案实施工作计划，并按开采、土地损毁和土地复垦时序进行编排。本方案将复垦计划划分为 5 个阶段。

第一阶段（5 a）：2020—2024 年，总体位于矿区中部和东部，主要采区包含 1149、西二和北七采区，该区域采空工作面地表沉陷早已稳定或在近期开采后稳定，对应地表主要包含小卧龙东北、小卧龙西南和 104 省道西部区域。

第二阶段（5 a）：2025—2029 年，总体位于矿区西部，主要涉及北七、南六采区，采区工作面大多为第一阶段开采影响区，对应地表主要包含 104 省道、王家沟、马矢山、莲叶塔和蒿地苆一带区域。

第三阶段（5 a）：2030—2034 年，总体位于矿区中西部，主要涉及北五、南六、南四采区，采区工作面大多为第二阶段开采影响区，局部对上层历史采空范围有影响，对应地表主要包含娄烦滩、冀家沟、磺厂沟之间区域。

第四阶段（5 a）：2035—2039 年。总体位于矿区中西部，主要涉及北五、南四采区，采区工作面大多为第三阶段开采影响区，局部对上层历史采空范围有影响，对应地表主要包含大垴上、前后西岭及冀家沟区域。

第五阶段（4 a）：2040—2043 年。总体位于矿区中部，主要涉及南四、南二采区，采区工作面大多为第四阶段开采影响区，局部对上层历史采空范围有影响，对应地表主要包含磺厂沟及新道村北区域。

各阶段复垦地类面积、金额计划安排见表 6-5。

3. 前五年工作量及费用安排

前五年复垦费用及安排见表 6-6。

表 6-5　土地复垦各阶段复垦工作计划安排表

复垦阶段	复垦位置	静态投资	动态投资	主要工程措施	单位	分区县工程量		
		（万元）				汇总	万柏林	古交
第一阶段	总体位于矿区中部和东部，主要采区包含1149、西二和北七采区，该区域采空工作面地表沉陷早已稳定或在近期开采后稳定，对应地表主要包含小卧龙东北、小卧龙西南和104省道西部区域，面积1066.21 hm²	2258.72	2495.00	覆土压实	100 m³	252.25	252.25	0.00
				田面平整	100 m³	0.09	0.09	0.00
				土地翻耕	hm²	0.04	0.04	0.00
				田埂修筑	100 m³	0.46	0.46	0.00
				有机肥	t	0.49	0.49	0.00
				氮肥	t	0.61	0.61	0.00
				磷肥	t	0.73	0.73	0.00
				乔木侧柏	100 株	611.05	611.03	0.02
				果树核桃	100 株	0.00	0.00	0.00
				灌木紫穗槐	100 株	6360.22	6360.22	0.00
				紫花苜蓿/披碱草	hm²	394.71	394.71	0.00
				行道树侧柏	100 株	19.20	19.20	0.00
				路床压实	1000 m²	46.07	46.07	0.00
				路面	1000 m²	46.07	46.07	0.00
				路边沟开挖	100 m³	51.83	51.83	0.00
				路边沟砌筑	100 m³	23.04	23.04	0.00

复垦阶段	复垦位置	静态投资	动态投资	主要工程措施	单位	分区县工程量		
		（万元）				汇总	万柏林	古交
第二阶段	总体位于矿区西部，主要涉及北七、南六采区，采区工作面大多为第一阶段开采影响区，对应地表主要包含104省道、王家沟、马矢山、莲叶塔和蒿地茆一带区域，面积781.55 hm²	879.71	1327.25	覆土压实	100 m³	0.00	0.00	0.00
				田面平整	100 m³	0.00	0.00	0.00
				土地翻耕	hm²	0.00	0.00	0.00
				田埂修筑	100 m³	0.00	0.00	0.00
				有机肥	t	0.00	0.00	0.00
				氮肥	t	0.00	0.00	0.00
				磷肥	t	0.00	0.00	0.00
				乔木侧柏	100 株	167.94	134.72	33.22
				果树核桃	100 株	0.00	0.00	0.00
				灌木紫穗槐	100 株	3633.42	722.24	2911.18
				紫花苜蓿/披碱草	hm²	61.00	46.44	14.56
				行道树侧柏	100 株	4.42	4.42	0.00
				路床压实	1000 m²	10.60	10.60	0.00
				路面	1000 m²	10.60	10.60	0.00
				路边沟开挖	100 m³	11.92	11.92	0.00
				路边沟砌筑	100 m³	5.30	5.30	0.00
第三阶段	总体位于矿区中西部，主要涉及北五、南六、南四采区，采区工作面大多为第二阶段开采影响区，局部对上层历史采空范围有影响，对应地表主要包含娄烦滩、冀家沟、磺厂沟之间区域，面积696.25 hm²	1099.70	2220.32	覆土压实	100 m³	8.69	8.69	0.00
				田面平整	100 m³	0.38	0.38	0.00
				土地翻耕	hm²	0.07	0.07	0.00
				田埂修筑	100 m³	1.38	1.38	0.00
				有机肥	t	1.06	1.06	0.00
				氮肥	t	1.29	1.29	0.00
				磷肥	t	1.61	1.61	0.00
				乔木侧柏	100 株	591.19	591.19	0.00
				果树核桃	100 株	0.00	0.00	0.00
				灌木紫穗槐	100 株	671.48	671.48	0.00
				紫花苜蓿/披碱草	hm²	38.18	38.18	0.00
				行道树侧柏	100 株	6.18	6.18	0.00
				路床压实	1000 m²	14.83	14.83	0.00
				路面	1000 m²	14.83	14.83	0.00
				路边沟开挖	100 m³	16.68	16.68	0.00
				路边沟砌筑	100 m³	7.42	7.42	0.00

续表

复垦阶段	复垦位置	静态投资	动态投资	主要工程措施	单位	分区县工程量		
		（万元）				汇总	万柏林	古交
第四阶段	总体位于矿区中西部，主要涉及北五、南四采区，采区工作面大多为第三阶段开采影响区，局部对上层历史采空范围有影响，对应地表主要包含大堖上、前后西岭及冀家沟区域，面积746.91 hm²	1784.47	4630.24	覆土压实	100 m³	0.00	0.00	0.00
				田面平整	100 m³	13.52	13.52	0.00
				土地翻耕	hm²	4.82	4.82	0.00
				田埂修筑	100 m³	64.09	64.09	0.00
				有机肥	t	65.57	65.57	0.00
				氮肥	t	81.77	81.77	0.00
				磷肥	t	98.43	98.43	0.00
				乔木侧柏	100 株	946.59	944.37	2.22
				果树核桃	100 株	1.01	1.01	0.00
				灌木紫穗槐	100 株	3108.78	3108.78	0.00
				紫花苜蓿/披碱草	hm²	233.14	233.14	0.00
				行道树侧柏	100 株	6.01	6.01	0.00
				路床压实	1000 m²	14.43	14.43	0.00
				路面	1000 m²	14.43	14.43	0.00
				路边沟开挖	100 m³	16.24	16.24	0.00
				路边沟砌筑	100 m³	7.22	7.22	0.00
第五阶段	总体位于矿区中部，主要涉及南四、南二采区，采区工作面大多为第四阶段开采影响区，局部对上层历史采空范围有影响，对应地表主要包含磺厂沟及新道村北区域，面积1029.47 hm²	1776.19	6037.61	覆土压实	100 m³	545.69	545.69	0.00
				田面平整	100 m³	3.11	3.11	0.00
				土地翻耕	hm²	0.71	0.71	0.00
				田埂修筑	100 m³	12.15	12.15	0.00
				有机肥	t	10.19	10.19	0.00
				氮肥	t	12.46	12.46	0.00
				磷肥	t	15.39	15.39	0.00
				乔木侧柏	100 株	837.66	837.55	0.11
				果树核桃	100 株	0.00	0.00	0.00
				灌木紫穗槐	100 株	1153.37	1153.37	0.00
				紫花苜蓿/披碱草	hm²	50.39	50.39	0.00
				行道树侧柏	100 株	12.92	12.92	0.00
				路床压实	1000 m²	31.00	31.00	0.00
				路面	1000 m²	31.00	31.00	0.00
				路边沟开挖	100 m³	34.88	34.88	0.00
				路边沟砌筑	100 m³	15.50	15.50	0.00

表6-6 复垦前五年工程计划安排统计表

序号	工程名称	单位	分年度工程量					综合单价(万元)	分年度费用				
			第一年	第二年	第三年	第四年	第五年		第一年	第二年	第三年	第四年	第五年
一	土壤重构工程												
(一)	土壤剥离覆盖工程												
1	覆土压实	100 m³	0.00	0.00	252.25	0.00	0.00	0.2152	0.00	0.00	54.29	0.00	0.00
(二)	平整工程												
1	田面平整	100 m³	0.00	0.00	0.09	0.00	0.00	0.0412	0.00	0.00	0.00	0.00	0.00
2	土地翻耕	hm²											
3	田坎修筑	100 m³	0.00	0.00	0.46	0.00	0.00	0.2660	0.00	0.00	0.12	0.00	0.00
(三)	生物化学工程												
1	有机肥	t	0.00	0.00	0.49	0.00	0.00	0.1479	0.00	0.00	0.07	0.00	0.00
2	氮肥	t	0.00	0.00	0.61	0.00	0.00	0.2219	0.00	0.00	0.14	0.00	0.00
3	磷肥	t	0.00	0.00	0.73	0.00	0.00	0.1356	0.00	0.00	0.10	0.00	0.00
二	植被重建工程												
(一)	林草恢复工程												
1	乔木侧柏	100株	0.00	118.65	44.14	3.33	0.37	0.8246	0.00	97.84	36.40	2.74	0.31
2	果树核桃	100株	0.00	0.00	0.00	0.00	0.00	0.8208	0.00	0.00	0.00	0.00	0.00
3	灌木紫穗槐	100株	1218.67	1289.74	2323.97	619.15	359.96	0.0709	86.45	91.50	164.87	43.92	25.54
4	紫花苜蓿/披碱草	hm²	91.40	89.25	167.29	32.02	14.74	0.1234	11.28	11.01	20.65	3.95	1.82
5	行道树侧柏	100株	2.93	3.56	4.36	4.22	4.12	0.8246	2.42	2.93	3.60	3.48	3.40
三	配套工程												
(一)	道路工程												

续表

序号	工程名称	单位	分年度工程量					综合单价(万元)	分年度费用				
			第一年	第二年	第三年	第四年	第五年		第一年	第二年	第三年	第四年	第五年
1	路床压实	1000 m²	7.04	8.54	10.47	10.12	9.90	0.1404	0.99	1.20	1.47	1.42	1.39
2	路面	1000 m²	7.04	8.54	10.47	10.12	9.90	6.7862	47.78	57.97	71.07	68.67	67.15
3	路边沟开挖	100 m³	7.92	9.61	11.78	11.38	11.13	1.3542	10.73	13.01	15.96	15.42	15.08
4	路边沟砌筑	100 m³	3.52	4.27	5.24	5.06	4.95	4.1162	14.49	17.58	21.55	20.83	20.37
四	监测与管护工程												
(一)	监测工程												
1	土地损毁监测	次	448.00	448.00	448.00	448.00	448.00	0.0535	23.97	23.97	23.97	23.97	23.97
2	土壤质量监测	次	25.60	25.60	25.60	25.60	25.60	0.1090	2.79	2.79	2.79	2.79	2.79
3	复垦效果监测	次	384.00	384.00	384.00	384.00	384.00	0.0350	13.44	13.44	13.44	13.44	13.44
(二)	管护工程												
1	幼林抚育	hm²·a	18.28	94.84	67.34	68.05	52.09	0.3492	6.38	33.12	23.52	23.76	18.19
费用汇总													
一	工程施工费								174.14	293.05	390.29	160.43	135.05
二	设备费								0.00	0.00	0.00	0.00	0.00
三	其他费用								25.60	43.08	57.38	23.58	19.85
四	监测与管护费								46.58	73.32	63.72	63.96	58.39
(一)	复垦监测费								40.20	40.20	40.20	40.20	40.20
(二)	管护费								6.38	33.12	23.52	23.76	18.19
五	预备费								19.97	33.61	44.77	18.40	15.49
(一)	基本预备费								15.98	26.89	35.81	14.72	12.39
(二)	价差预备费								0.00	0.00	0.00	0.00	0.00
(三)	风险金								3.99	6.72	8.95	3.68	3.10
六	静态总投资								266.30	443.07	556.15	266.38	228.78

三、生态环境保护年度计划

根据生态环境保护的目标任务，制定年度计划见表6-7。

表6-7　西铭矿矿山生态环境保护与恢复治理年度计划

指标名称	内容	进度计划				
		2020 年	2021 年	2022 年	2023 年	2024 年
小西铭二南沟矸石场防自燃工程	二南沟矸石堆场未封场，正在排矸，呈负地形堆积形态，面积约 12000 m³，工程实施期内对高温区域采区防自燃措施					
排矸队厂区封闭工程	在排矸队厂区内建设一个矸石缓冲仓，用于暂存未能及时清运的矸石，矸石缓冲仓长度 144.728 m，宽度 84.738 m，总封闭面积 8223.02 m²，最大储存量为 6 万 t 矸石					
环保设施升级改造完成率	下水平矿井水由 5000 m³/d 扩容至 9000 m³/d，外排水质达到《地表水环境质量标准》（GB 3838—2002）Ⅲ类水质标准					
矿区生态环境监控能力建设工程	购置环保数据管理系统，加强生态环境监控能力					

第七章

矿山生态修复治理

针对研究区内矿山地质环境问题，坚持预防为主、防治结合，科学合理地制定开采计划与采矿方案，规范采矿活动，合理避让地质灾害，在科学处置地下采空区的基础上，提出具体的防治工程与监测措施。

第一节　地质灾害防治

通过规范矿山活动，及时采取工程措施恢复治理采空塌陷影响区内矿山地质环境和生态环境，达到恢复治理 100% 的目标，减轻或消除矿山地质灾害危害。

针对崩塌点采取清坡、挂网、挡墙消除威胁，针对地裂缝采取地裂缝充填措施治理，针对滑坡采取重力式挡墙治理。

一、重要场地保护

对工业场地、村庄、文物保护区、风景名胜禁采区采取留设保护煤柱的措施进行预防保护，保护煤柱应按《建筑物、水体、铁路及主要井巷煤柱留设与压煤开采规范》及相关部门文件、方案、规范留设。

1. 工程范围

各风井场地、工业广场、村庄、文物保护区、崛围山风景名胜区。

2. 防治时间

2020 年及以后。

3. 技术方法

矿井未来开采 2、3$_{下}$、8、9 号煤时，为未搬迁村庄、风井场地、14 处文物保护区、崛围山风景区留设了保护煤柱，保护煤柱按照开发部分确定的保护煤柱留设。现场调查村庄大多无人居住，多数房屋自然开裂倒塌，在保护煤柱附近工作面推进期间应加强监测巡检，出现房屋开裂情况及时与相关人员沟通协调，确保人员、财产、被保护物的安全。

二、地裂缝地面塌陷治理

1. 工程范围

地表沉陷造成的地表可见的需治理的地裂缝范围,即本方案沉陷中度和重度损毁区域(即防治分区 I_1 和 I_{11} 区),已损毁地裂缝地面塌陷中重度面积 104.27 hm²,拟损毁中重度面积 101.80 hm²,扣除重复区域后 183.99 hm²,近期治理小卧龙东北及西南地块,面积共计 80.55 hm²。

2. 防治时间

服务期内每年进行(2020 年及以后)。

3. 技术方法

塌陷裂缝是塌陷区地表变形的主要形式,根据对周围类似条件矿区的调查,采空塌陷后,会形成地裂缝,裂缝长度 2 ~ 280 m,多集中于 10 ~ 30 m;宽度 0.05 ~ 15 m,多集中于 0.2 ~ 1.0 m;可见深度 0.3 ~ 5 m,个别深不见底。充填治理时根据地裂缝的尺寸,可采取如下治理措施:根据地面塌陷、地裂缝的规模和危害程度,按土地类型分别采取不同的回填措施。

地裂缝多出现在塌陷区域的边缘,一般宽度小于 10 cm 的裂缝为轻微等级,宽度为 10 ~ 30 cm 的裂缝为中等裂缝,宽度大于 30 cm 的裂缝为严重裂缝。

矿区内 10 cm 宽度以下的地裂缝发育不集中、较分散,对地表植被影响有限,借助风积、雨水冲刷等自然营力可在 1 ~ 2 a 内自动闭合恢复,本方案对该类区域进行监测,不设计工程治理方法。

对于中等和严重裂缝,采取人工回填治理。回填前先沿地裂缝剥离熟土,剥离宽度为裂缝两侧各 50 cm,剥离厚度为 30 cm,剥离土层就近堆放在裂缝两侧。轻微、中等裂缝可直接用土填充,严重裂缝区域需先填入混合岩土等大粒径物料,再填入 20 cm 厚隔水黏土层,最后回填压实剥离土方(李树志,1998)。

人工处理地表裂缝流程示意见图 7-1。

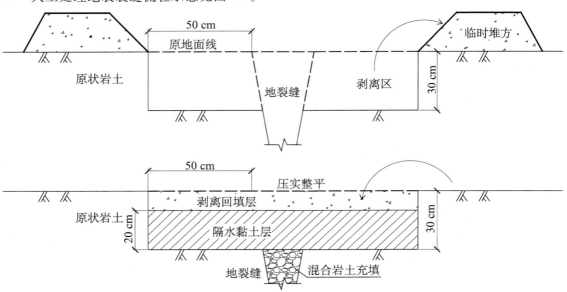

图 7-1 人工处理地表裂缝示意图

地裂缝土源在地裂缝发育区就地取土、削高填低，回填夯实、合理整平。在堆放点用手推车取土对沉陷裂缝进行充填，在充填部位或削高垫低部位覆盖耕层土壤。

对于还未稳定的塌陷区域，应略比周围田面高出 5~10 cm，待其稳定沉实后可与周围田面基本齐平；在充填裂缝距地表 1 m 左右时，每隔 30 cm 左右分层应用木杠或夯石分层捣实，直至与地面平齐，由于黄土区土壤风化较强烈，上下层土壤的养分含量差异较小，因此，在裂缝充填时可直接覆盖，但尽量将原耕层土壤填在外面。

4. 工程量估算

地裂缝治理工程分为裂缝充填和表土剥离回覆两方面，根据地质灾害治理目的，本方案将表土剥离和回覆纳入地裂缝地质灾害治理工程中。

土地损毁等级不同，需要充填的裂缝的土方工程量也不同。设沉陷裂缝宽度为 d（m），则地表沉陷裂缝的可见深度 W（m）可按下面的经验公式计算：

$$W = 10\sqrt{d}$$

设裂缝的间距为 D（m），裂缝系数为 n，则每公顷面积的裂缝长度 U（m）可按以下经验公式计算：

$$U = \frac{10000n}{D}$$

设每公顷沉陷地裂缝的充填土方量为 V（m³），则 V 可按如下经验公式计算：

$$V = \frac{d \cdot W \cdot U}{2}$$

设土地面积为 S_2（hm²），则需充填裂缝工程量 V_2（m³）的计算方法为：

$$V_2 = V \cdot S_2$$

评估区内近期治理小卧龙东北和西南两个区，中远期 I_1 和 I_{11} 两个区的剩余部分，根据调查情况取得以上公式参数及工程量计算结果见表7-1~表7-3。

表 7-1　地裂缝充填工程单位面积工程量计算表

防治分区	裂缝宽度	裂缝深度	裂缝间距	裂缝系数	单位面积裂缝长度	单位面积充填量
	d（m）	W（m）	D（m）	n	U（m/hm²）	V（m³/hm²）
次重点	0.2	4.47	40	2	500.00	223.61
重点	0.5	7.07	25	2.8	1120.00	1979.90

表 7-2　近期地裂缝充填工程量表

防治分区	年份	单位面积充填量 V（m³/hm²）	土地面积 S_2（hm²）	裂缝充填工程量 V_2（m³）
次重点	2020	223.61	84.35	18861.28
	2021		58.29	13033.87
	2022		20.94	4682.69
	2023		16.97	3794.46
	2024		4.36	975.41

续表

防治分区	年份	单位面积充填量 V（m^3/hm^2）	土地面积 S_2（hm^2）	裂缝充填工程量 V_2（m^3）
重点	2024	1979.9	1.88	3730.32

表 7-3　服务期地裂缝充填工程量表

防治分区	单位面积充填量 V（m^3/hm^2）	土地面积 S_2（hm^2）	裂缝充填工程量 V_2（m^3）
次重点	223.61	559.71	125154.39
重点	1979.90	24.28	48078.26

三、崩塌滑坡治理

西铭矿分布的崩塌滑坡点比较集中，且多为薄松散覆盖层的岩类崩滑，崩滑总体区别于原始地形坡度上，以下从工程范围、防治时间、技术方法和工程量估算 4 个方面进行逐一叙述。

1. 工程范围

通过对矿区内崩塌地质灾害的调查，需要进行工程治理的涉及防治分区 I_2、I_4 和 I_9 三区，对应崩塌编号分别为 BT8、BT11、BT14、BT15、BT21 和 BT22。

通过对矿区内滑坡地质灾害的调查，需要进行工程治理的涉及防治分区 I_3 和 I_{10} 两区，对应滑坡编号分别为 HP8、HP8-1、HP13-2、HP3 和 HP4。

2. 防治时间

近期 2021 年治理 BT11 和 BT22，2022 年治理 HP3，2023 年治理 HP4，2024 年治理 BT21，中远期治理 BT8、BT14 和 BT15。

3. 技术方法

（1）削坡减载

针对部分治理点现状下坡面堆积物较多，距威胁对象近，考虑在降雨、振动等因素影响下存在坡面堆积物或危岩体崩落的可能，采用人工或机械进行清除，为后期挡墙工程措施提供施工基础。

方案按照《滑坡防治工程设计与施工技术规范》对该边坡按照坡率 1∶1 的规格分 1～4 级台阶进行削坡减载，同时对边坡进行监测，发现问题及时采取相应措施，确保边坡的稳定。

工艺流程为测量放线→原始坡面测量→最上一级坡面清理→最下一级坡面清理→清坡后坡面测量。

清理内容包含松动岩体和危岩体，对局部陡倾坡段进行适当削方及强风化层挖除，以及清除区域内全部垃圾、杂草、树根、废渣、表土和其他有碍后续工程的障碍物，厚度一般以 0.5～0.6 m 为宜，坡面不得有较大的凸起和凹陷，尤其是清除危岩体坡面应与周围平顺连接。

清理可采用人工或小型机械进行，对已清理的切坡，应按设计要求及时进行加固。清坡弃渣应及时清运至其他治理区或外运，不得随意堆积。

（2）挡土墙修筑

崩塌滑坡点破旧挡墙应予以拆除，新建挡墙高 1.5～2.0 m，M10 浆砌石材料，内侧为直立坡面，外侧坡比 1：0.25，挡墙顶采用 10 cm 厚 C20 砼压顶，距离地面 0.5 m 设置外倾 5°，∅10 cm PVC 泄水管，泄水管水平间距 2 m。挡墙沿墙顶轴线每隔 10 m 设置伸缩缝，缝宽 2 cm，缝填沥青麻筋，深度不小于 15 cm，初步设计见图 7-2。

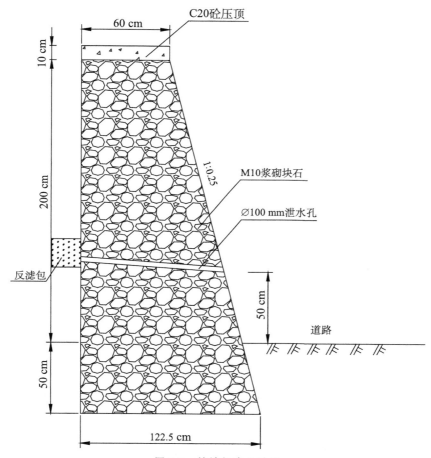

图 7-2　挡墙初步设计图

应按照设计规定的挡墙基础的各部尺寸、形状以及埋置深度，进行基础施工，基础开挖后，若基底与设计情况有出入时，应记录和取样实际情况，及时提请变更设计。

排水设施和沉降缝应按要求分区段设置。泄水孔应保持直通无阻，墙身施工中留出泄水孔或埋置泄水管，泄水孔后端采用反滤包。

沉降缝、伸缩缝的缝宽应整齐一致，上下贯通。当墙身为坼工砌体时，缝的两侧应选用平整石料砌筑，形成竖直通缝。当墙身为现浇混凝土时，应待前一阶段的侧模拆除后，安装沉降、伸缩缝的填塞材料，再浇筑相邻的下一墙段。

墙背填料应优先选择渗水性良好的沙土、碎（砾）石土进行填筑。填料中不应含有机物、冰块、草皮、树根等杂物及生活垃圾。挡墙的墙体强度级别应达到设计强度级别的75%以上时，方可进行墙背填料施工。

毛石厚度不小于15 cm，用作镶面时，选择表面比较平整、尺寸较大者，应稍加修整，毛石强度不应低于MU30。毛石砌体勾缝应采用适宜的工具，进行流水作业。一般工艺为清理、洒水润湿、抹缝、清扫残灰等工序。

4. 工程量估算

根据上述技术方法，对每一治理点分述如下，工程量汇总见表7-4。

表7-4　崩滑治理点工程量汇总表

崩滑	防治年份	削坡（m^3）	基础开挖（m^3）	浆砌块石（m^3）	回填夯实（m^3）	备注
BT8	服务期	6750	195	450	48.6	
BT11	2021	600	32.5	75	8.1	
BT14	服务期	2000	52	120	13	
BT15	服务期	2000	97.5	225	24.3	
BT21	2024	13	30		3.3	
BT22	2021	2460	584	1136	80	
HP3	2022	9000	65	150	15.6	
HP4	2023	12000	104	240	29	
HP8	服务期	15750	300	1100	75	
HP8-1	服务期	15750				用于压脚
HP13-2	服务期	1350				用于压脚
合计		67660	1443	3526	296.9	

（1）BT8崩塌点工程量估算

该崩塌点采用削坡方式留设1级台阶，削坡后坡率1∶1，沿路削坡长度300 m，根据地形估算，单位长度削坡方量15 m^3/m，估算得削坡方量6750 m^3。

削坡后坡脚沿路下方砌筑M10浆砌石挡墙，砌筑长度300 m，基础开挖方量$0.65 \times 300 = 195$ m^3，浆砌块石$1.5 \times 300 = 450$ m^3，回填夯实48.6 m^3。

（2）BT11崩塌点工程量估算

该崩塌点采用削坡方式留设1级台阶，削坡后坡率1∶1，沿路削坡长度50 m，根据地形估算，单位长度削坡方量12 m^3/m，估算得削坡方量600 m^3。

削坡后坡脚沿路下方砌筑M10浆砌石挡墙，砌筑长度50 m，基础开挖方量$0.65 \times 50 = 32.5$ m^3，浆砌块石$1.5 \times 50 = 75$ m^3，回填夯实8.1 m^3。

（3）BT14崩塌点工程量估算

该崩塌点坡脚有大量崩落堆积物，堆积坡度较缓，需清除局部表层不稳定方量，估算得削坡方量2000 m^3。

坡脚砌筑M10浆砌石挡墙，砌筑长度80 m，基础开挖方量$0.65 \times 80 = 52$ m^3，浆砌块石

$1.5 \times 80 = 120 \ m^3$，回填夯实 $13 \ m^3$。

（4）BT15 崩塌点工程量估算

该崩塌点坡脚有大量崩落堆积物，堆积坡度较缓，需清除局部表层不稳定方量，估算得削坡方量 $2000 \ m^3$。

坡脚砌筑 M10 浆砌石挡墙，砌筑长度 150 m，基础开挖方量 $0.65 \times 150 = 97.5 \ m^3$，浆砌块石 $1.5 \times 150 = 225 \ m^3$，回填夯实 $24.3 \ m^3$。

（5）BT21 崩塌点工程量估算

该崩塌点下方原位窑洞，塌落密实后，不用清理表层松散方量，沿路边砌筑浆砌石挡墙，砌筑长度 20 m，基础开挖方量 $0.65 \times 20 = 13 \ m^3$，浆砌块石 $1.5 \times 20 = 30 \ m^3$，回填夯实 $3.3 \ m^3$。

（6）BT22 崩塌点工程量估算

该崩塌点坡脚堆积物较少，松散覆盖层厚度较中西部沟谷内崩塌点厚，总体为月牙形分两级台阶治理，削坡减载量 $2460 \ m^3$。

坡脚砌筑 M10 浆砌石挡墙，砌筑长度 500 m，基础开挖方量 $584 \ m^3$，浆砌块石 $1136 \ m^3$，回填夯实 $80 \ m^3$，防治工程剖面见图 7-3。

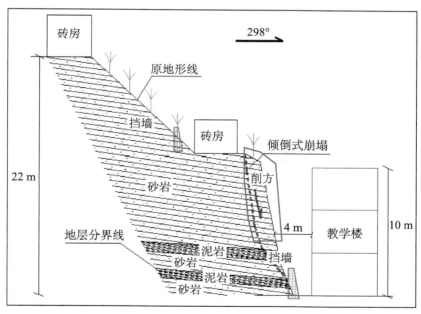

图 7-3　BT22 防治工程剖面图

（7）HP3 滑坡工程量估算

该滑坡采用削坡方式留设 3 级台阶，削坡后坡率 1∶1，沿路削坡长度 50 m，根据地形估算，单位长度削坡方量 $180 \ m^3/m$，估算得削坡方量 $9000 \ m^3$。

削坡后坡脚沿路下方砌筑 M10 浆砌石挡墙，砌筑长度 50 m，基础开挖方量 $1.3 \times 50 = 65 \ m^3$，浆砌块石 $3.0 \times 50 = 150 \ m^3$，回填夯实 $15.6 \ m^3$。

（8）HP4 滑坡工程量估算

该滑坡采用削坡方式留设 3 级台阶，削坡后坡率 1∶1，沿路削坡长度 80 m，根据地形估算，单位长度削坡方量 150 m³/m，估算得削坡方量 12000 m³。

削坡后坡脚沿路下方砌筑 M10 浆砌石挡墙，砌筑长度 80 m，基础开挖方量 1.3×80 = 104 m³，浆砌块石 3.0×80 = 240 m³，回填夯实 29 m³。

（9）HP8 滑坡工程量估算

对中部碎石、巨石堆积体进行削坡处理，卸载部分滑动体推力，清理长度 150 m，高度 15 m，宽度 7 m，卸荷工程石方量 15750 m³。

削坡后坡脚沿路下方砌筑 M10 浆砌石挡墙，砌筑长度 150 m，基础开挖方量 2.0×150 = 300 m³，浆砌块石 5.5×200 = 1100 m³，回填夯实 75 m³。

（10）HP8-1 滑坡工程量估算

利用 HP8 清坡堆积体进行压脚，压脚高度 15 m，石方量 15750 m³。

（11）HP13-2 滑坡工程量估算

对中部台阶处陡立岩石进行削方处理，清理长度 90 m，高度 3 m，宽度 5 m，石方量 1350 m³，清出方量堆于坡脚。

四、泥石流治理

1. 工程范围

玉门沟沟谷及两侧陡峭山体范围内，评估区编号 II。

2. 防治时间

服务期内每年进行。

3. 技术方法

玉门沟下游河流现状下均已由市政部门疏浚亮化治理，泥石流沟谷两侧至山脊分水岭处有大面积林木植被覆盖，主要物源集中在沟谷及两侧小型人工切坡崩落物源区。技术方法为堆积物清运，运往矸石场。

4. 工程量估算

区域两侧玉门沟矸石山和玉门沟口矸石山均已治理完毕，未来不会成为大的物源区，其余零星分布物源清理量约 500 m³/a。

第二节 含水层破坏防治及矿区引水解困

现阶段矿山及村庄均由矿方统一解决生活用水，用水问题基本得到了解决。对含水层破坏预防应根据含水层结构及地下水赋存条件，结合采矿工程，采取相应的工程措施，防止含水层进一步破坏。

西铭矿采用综放采煤工艺、自然垮落法顶板管理方法，近期及未来只开采 15 号煤层，结合矿区水文地质条件，煤矿开采对地下含水层修复的目标任务为加强水位、水质监测，确保水质不受污染，明确水位下降程度。

①为防治地下水导通混合，并由此造成水质恶化、地下水位下降、水量减少等问题，在

井下开采过程中，对于矿层中的断层均应严格按设计要求在断层两侧留足相应宽度的保护矿柱，减少矿井涌水量。

②矿山开采结束后，及时停止抽排地下水，使地下水位逐渐得到恢复，基本达到区域地下水位平衡。

第三节　地形地貌景观及植被景观保护与恢复

1. 工程范围

包含已搬迁的莲叶塔村以及服务期满后要拆除的四处风井场地砌体房屋建筑。

2. 防治时间

2021 年拆除莲叶塔村内房屋建筑，矿井服务期满后，拆除四处风井场地。

3. 技术方法及工程量

①根据对莲叶塔村现状房屋的调查，估算建筑面积约 2000 m^2，建筑体积约 6000 m^3，按照建筑体积 7% 的拆除系数进行估算，则砌体拆除工程量约 420 m^3，将建筑砖块、块石、黄土原地堆放整平。

②四处风井场地，建筑面积合计约 15000 m^2，建筑体积约 50000 m^3，按照建筑体积 7% 的拆除系数进行估算，则砌体拆除工程量约 3500 m^3，将建筑垃圾清运出山沟至政府指定位置，运距约 10 km。

后期植树绿化工程并入复垦章节。

第四节　土地复垦

一、土地复垦适宜性评价

本节将根据土地损毁预测结果重点进行损毁土地适宜性评价，通过土地适宜性评价确定土地复垦方向和复垦标准，以指导土地复垦工程设计。

1. 土地复垦适宜性评价思路

土地复垦适宜性评价是在全面了解待复垦区土地自然属性、社会经济属性和土地损毁情况等的前提下，从土地利用的要求出发，通过分析不同类型土地的特点，了解土地各因子在生态环境中互相制约的内在规律，全面衡量复垦为某种用途土地的适宜性及适宜程度。

2. 评价范围和初步复垦方向的确定

（1）评价范围

本次评价的对象为已损毁和拟损毁的土地，范围为复垦责任范围。

（2）初步复垦方向的确定

①自然因素分析

井田位于吕梁山脉东缘，区内山峦起伏，沟谷纵横，属黄土高原的低中山地貌，矿区内地形复杂，山高谷深，沟谷纵横，地形切割强烈，深切成"V"字形。地形地貌单元属于中、低山区，最高点为西部狐偃山，标高+2202.7 m，最低点为南部长峪河沟口，标高+778.6 m，最大相对高差1424.1 m。

本研究区属温带大陆性气候，四季分明，春季干旱多风，昼夜温差大，夏季炎热少风，秋季温凉多雨，冬季寒冷干燥。年平均气温7.5 ℃，年平均降水量426.10 mm，年平均无霜期140 d，最大冻土深度0.8 m。土壤主要是棕壤土，肥力一般，大部分区域松散层覆盖较薄。从自然因素分析，研究区各地类可复垦为林地，在原本具备农用地土壤条件下可优先复垦为农用地。

②社会因素分析

复垦区土地主要涉及万柏林区和古交市，复垦区农业生产体系完善，结构合理。

复垦区内林地面积占比超过80%，其次是草地和旱地，区内村庄大多已无人居住，耕地占比很小，区域经济上支持退耕还林，所以，本复垦项目要平整土地，多复垦林地，同时保证基本农田的耕地功能，重建矿区被破坏的生态系统，有效地改善矿区及周边地区的生态环境。

从区域社会环境分析，本研究在地区社会经济中的优势地位、良好社会环境和工农关系及建设企业自身雄厚的经济实力都为土地复垦工作的开展提供了保障。企业在生产过程中可以提取足够的资金用于损毁土地的复垦，在保护林地、耕地的同时，提高当地居民经济收入水平，完全有实力、有能力实现资源开发和农业生产的协调发展。

③政策因素分析

该研究区的建设符合当地社会经济发展规划和积极发展煤炭工业的产业规划的要求，通过将研究区边界与《太原市万柏林区土地利用总体规划（2006—2020年）调整方案》和《古交市土地利用总体规划（2006—2020年）调整方案》的总体规划图进行叠加分析，可知影响区主工业场地、矸石周转场地的利用方向为林地，塌陷损毁区原耕地的利用方向为农用地，塌陷损毁区原林地、草地的利用方向为林业用地。实施土地复垦工程后，影响区总体仍以林地为主且有一定增长，同时保证耕地保有量，符合万柏林区和古交市土地利用总体规划确定的土地利用方向。

④公众因素分析

通过对本研究区公众调查分析，受访居民均认为本项目建设对促进当地经济发展起到重要作用，均支持项目建设。在公众对土地复垦的意愿中均提出土地利用类型仍以原地类为主，并要求对破坏的土地予以适当的补偿，原则上不希望将土地功能发生改变。因此，本方案对破坏耕地主要采取恢复整治措施，避免土地功能发生重大改变，其余以植树造林为主。

⑤土地复垦方向的初步确定

通过以上分析，西铭矿已损毁未复垦土地复垦的方向以林地为主。沟谷尽可能复垦，保证耕地不减少。遵照"宜耕则耕、宜林则林、宜牧则牧"的原则，对于轻度损毁的林草地尽量恢复原有土地利用类型；对于损毁的耕地尽量复垦为耕地，同时注重农田基本工程的建设，努力提高地力；对于重度损毁地区可根据损毁后土地利用性质重新确定土地利用类型。复垦初步方向确定详见表7-5。

表 7-5 土地复垦初步方向分析表

损毁类型	评价单元	损毁等级	损毁地类	复垦初步方向	面积（hm²）	复垦面积小计（hm²）
压占	矸石场	重度	灌木林地	有林地	1.09	6.95
			其他林地	有林地	0.46	
			采矿用地	有林地	5.40	
	风井场地	重度	采矿用地	有林地	3.97	3.97
沉陷	井工开采沉陷区	轻度	旱地	旱地	67.85	3096.02
			果园	果园	21.77	
			有林地	有林地	1077.56	
			灌木林地	灌木林地	974.61	
			其他林地	其他林地	630.16	
			其他草地	其他草地	214.33	
			农村道路	农村道路	13.41	
			田坎	田坎	19.89	
			裸地	裸地	49.92	
			城市	城市	0.58	
			村庄	村庄	21.84	
			采矿用地	采矿用地	4.05	
			风景名胜及特殊用地	风景名胜及特殊用地	0.05	
		中度	旱地	旱地	4.76	159.71
			果园	果园	0.46	
			有林地	有林地	40.86	
			灌木林地	灌木林地	78.05	
			其他林地	有林地	14.46	
			其他草地	灌木林地	12.40	
			农村道路	农村道路	1.59	
			田坎	田坎	0.94	
			裸地	灌木林地	0.45	
			村庄	有林地	5.04	
			风景名胜及特殊用地	有林地	0.70	

损毁类型	评价单元	损毁等级	损毁地类	复垦初步方向	面积（hm²）	复垦面积小计（hm²）
沉陷	井工开采沉陷区	重度	旱地	旱地	0.88	24.28
			有林地	有林地	6.10	
			灌木林地	灌木林地	9.45	
			其他林地	有林地	4.67	
			其他草地	灌木林地	2.16	
			农村道路	农村道路	0.19	
			田坎	田坎	0.17	
			裸地	灌木林地	0.49	
			村庄	有林地	0.17	
合计					3290.93	3290.93

3. 评价单元的划分

对于采煤塌陷区土地复垦适宜性评价，评价单元的划分对评价结果起着关键性的作用。评价单元是按照土地属性和土地质量均匀一致的原则划分的土地适宜性评价的基本单位，是适宜性评价的基础图斑。同一单元类型内的土地特征及复垦利用方向和改良途径应基本一致。

土地适宜性评价结果是通过对评价单元的土地构成因素质量的评价得出，因此，评价单元划分对土地评价工作的实施至关重要，直接决定土地评价工作量的大小、评价结果的精度和成果的可应用性。由于本研究区土地复垦适宜性评价的对象主要包含拟损毁的土地，是一种对未来土地现状的评价，并且煤矿开采对土地原地貌造成了损毁，原有的土壤状况和土地类型都将发生一定变化，因此在划分评价单元时以土地损毁形式、土地损毁程度和土地利用现状类型等作为划分依据。

研究区从土地资源特点上看，除了符合上述特征的大面积土地外，还包含受矿山生产影响的土地，地形地貌植被均遭受较大的破坏，所以这些区域应依据破坏和使用类型进行独立单元的划定。

综合以上评价单元划分的分析，本次原则上以西铭矿塌陷损毁复垦责任范围各地类及损毁程度进行适宜性评价，具体划分评价单元如下所述。

（1）轻度塌陷损毁区（Ⅰ）：包含轻度损毁耕地、轻度损毁园地、轻度损毁林地和轻度损毁草地。

（2）中度塌陷损毁区（Ⅱ）：包含中度损毁耕地、中度损毁园地、中度损毁林地和中度损毁草地。

（3）重度塌陷损毁区（Ⅲ）：包含重度损毁耕地、重度损毁园地、重度损毁林地和重度损毁草地。

（4）交通运输用地（Ⅳ）：包含公路用地和农村道路等。

（5）水域及水利设施用地（Ⅴ）：包含水库水面和内陆滩涂等。

（6）其他土地（Ⅵ）：包含设施农用地和裸地等。

（7）城镇村及工矿用地（Ⅶ）：包含城市、村庄、采矿用地和风景名胜及特殊用地。

（8）矸石场（Ⅷ）：包含矸石场平台及坡面。

结合定性分析结果和各单元自身的独特性，方案确定：

①对塌陷区［轻度塌陷损毁区（Ⅰ）、中度塌陷损毁区（Ⅱ）、重度塌陷损毁区（Ⅲ）］选择指标和方法，制定合适的标准，进行定量的宜耕、宜林（园）和宜草适宜性等级评定。

②对于交通运输用地（Ⅳ）、水域及水利设施用地（Ⅴ）、其他土地（Ⅵ）、城镇村及工矿用地（Ⅶ）和矸石场（Ⅷ）定性适宜性分析。

4. 评价体系

评价体系确定为二级体系，分为两个序列，土地适宜类和土地质量等。土地适宜类分为适宜类、暂不适宜类和不适宜类。

适宜类按照土地质量等，分为1等地、2等地和3等地；暂不适宜类和不适宜类不进行续分，以下叙述中以"N"表示。

（1）宜耕土地

1等地：对农业利用无限制或少限制，地形平坦，质地好，肥力高，适于机耕，基本无损毁，易于恢复为耕地，在正常耕作管理措施下可获得不低于甚至高于损毁前耕地的产量，且正常利用不致发生退化。

2等地：对农业利用有一定限制，质地中等，损毁程度不深，需要经过一定的整治措施才能恢复为耕地。如利用不当，可导致水土流失、肥力下降等现象。

3等地：对农业利用有较多限制，质地差，损毁严重，需要采取较多整治措施后才能作为耕地使用。

（2）宜林（园）土地

1等地：适于林木生产，无明显限制因素，基本无损毁，采用一般技术造林植树，即可获得较大的产量和经济价值。

2等地：比较适于林木生产，地形、土壤、水分等因素对种植树木有一定的限制，损毁程度不深，但是造林植树的技术要求较高，产量和经济价值一般。

3等地：林木生长困难，地形、土壤和水分等限制因素较多，损毁严重，造林指数技术要求较高，产量和经济价值较低。

（3）宜草土地

1等地：水土条件好，草群质量和产量高，基本无损毁，容易恢复为牧、草场。

2等地：水土条件较好，草群质量和产量中等，有轻度退化，损毁程度不深，需经整治才能恢复为牧、草场。

3等地：水土条件和草群质量差、产量低、退化和损毁严重，需大力整治方可利用。

5. 评价方法

本方案土地复垦适宜性评价采用定量和定性分析结合的方法。

常用的土地适宜性评价的方法有极限条件法、指数法和模糊数学法等方法（张国良，1997）。本次评价通过计算评价因子的综合分值，对复垦区内采煤影响范围内的土地进行适宜性评价，分别评定各评价单元对农林牧业的适宜性及适宜程度。根据土地类的各评价因子等级的高低，分别赋以相应的等级分。复垦区各耕地、林地、草地分4等，评价因子分为4个等级，即等级为1等地、2等地、3等地和N，则等级分对应为4、3、2、1。用等级分乘以评价因子相应的权重值，即为各评价因子的指数。土地等级指数和范围见表7-6。

表7-6 土地等级指数和范围表

塌陷区	土地适宜类	土地质量等级			
		1等地	2等地	3等地	N
	宜耕	326~400	251~325	176~250	100~175
	宜林	301~400	201~300	101~200	≤100
	宜草	276~400	151~275	101~150	≤100

对矸石堆场压占区、取土场挖损区、村庄等土地的适宜性评价主要采用定性分析的方法，通过对原土地利用类型、周边环境、土地利用总体规划等因素综合确定其复垦方向。

6. 评价指标及标准的建立

复垦区待复垦土地评价应选择一套相互独立而又相互补充的参评因素和主导因素。参评因素应满足以下要求：一是可测性，即其因素是可测量并可用数值或者序号表示；二是关联性，即参评指标的增加或减少，标志着评价土地单元质量的提高或降低；三是稳定性，即选择的参评因素在任何条件下反映的质量及持续稳定；四是不重叠性，即参评因素之间界限清楚，不相互重叠。由于造成土地损毁的原因不同，因此所选择的参评因素和主导因素也不同。

根据以上原则，结合复垦区内实际状况和损毁土地的预测，对评价单元分别进行评价因子的确定。针对塌陷区内的各类用地，选择评价因子时考虑以下两点：

①复垦区内待评价对象根据土地利用类型划分为耕地、园地、林地、草地。其影响土地利用质量的主要自然因素必然是气候和土壤条件。但对一个较小范围区域而言（复垦区面积范围内），由于处在大致相同的气候条件下，日照时数、有效积温、年均温、无霜期、年雨量、降雨变率等气候因素对境内不同地区造成的影响只有微小的差距；同时，由于复垦区土壤类型基本一致，差异性小，故土壤在复垦区也并非主要影响因素。

②损毁后土地利用质量的差异可以反映在微地形上。采煤会对地表产生塌陷、裂缝的一系列影响，因此，将采矿后地表变形坡度、地表下沉值、土地稳定性、土壤有机质含量状况也作为评价因子。

综上所述，对塌陷区的土地适宜性评价选取地表变形坡度、地表下沉值、土地稳定性、土壤有机质含量。耕、林（园）、草地对不同因素的要求不同，同样的评价因子在不同地类适宜性评价中重要程度也不同。采用专家打分法，确定各个评价因子的权重见表7-7。

表7-7 塌陷区评价因子选择及其权重（%）

土地适宜类	地表变形坡度（°）	地表下沉值（m）	土地稳定性	土壤有机质含量
宜耕地	30	23	27	20

续表

土地适宜类	地表变形坡度（°）	地表下沉值（m）	土地稳定性	土壤有机质含量
宜林地	20	26	28	26
宜草地	16	24	30	30

根据各类土地利用的适宜程度确定出评价因子，然后通过实地调查和统计整理资料，经过分析运算，建立塌陷区内土地评价因子的等级指标值见表7-8。

表7-8　塌陷区评价因子等级指标值

地类	等级	地表变形坡度（°）	地表下沉值（m）	土地稳定性	土壤有机质含量
旱地	1等地	0	无	稳定	高
	2等地	<2	<2.0	较稳定	较高
	3等地	2~5	2.0~6.0	稳定性差	一般
	N	>5	>6.0	不稳定	低
林地（园地）	1等地	0	无	稳定	高
	2等地	<5	<2.0	较稳定	较高
	3等地	5~8	2.0~6.0	稳定性差	一般
	N	>8	>6.0	不稳定	低
草地	1等地	0	无	稳定	高
	2等地	<8	<2.0	较稳定	较高
	3等地	8~15	2.0~6.0	稳定性差	一般
	N	>15	>6.0	不稳定	低

7. 适宜性等级的评定

根据研究区国土资源局提供的调查测量数据以及实际调研得到的数据，综合确定矿区各评价单元对应的评价指标原始数据见表7-9。

表7-9　塌陷区一级评价单元土地性质

一级评价单元	地表变形坡度（°）	地表下沉值（m）	土地稳定性	土壤有机质含量
轻度塌陷损毁区	0~2	<2.0	稳定	高
中度塌陷损毁区	2~5	2.0~6.0	较稳定	较高
重度塌陷损毁区	5~10	>6.0	稳定性差	一般

根据表 7-9 中各一级评价单元的土地性质表，将各评价指标权重带入指数和计算公式，获得每个二级评价单元对应的指数和，最终获得各一级评价单元的评价等级，具体见表 7-10。

表 7-10　评价单元指数和及等级划分

评价单元	土地适宜类	指数和	土地质量等
轻度塌陷损毁区	宜耕	343	1 等地
	宜林	331	1 等地
	宜草	327	1 等地
中度塌陷损毁区	宜耕	273	2 等地
	宜林	281	1 等地
	宜草	279	1 等地
重度塌陷损毁区	宜耕	183	3 等地
	宜林	215	2 等地
	宜草	171	3 等地

8. 最终复垦方向确定

从适宜性等级分析结果中可以看出，同一评价单元在不同复垦方向上存在多宜性，最终的复垦利用方向需要在此分析的基础之上，须结合矿区实际情况，除了在土地自身理化性质、破坏状态和区位条件等因素需要考虑外，还与复垦资金投入等有很大关系。

本方案在综合考虑研究区自然、社会经济、政府政策和公众意愿等因素的基础上，结合适宜性等级评定结果，研究区最终复垦方向评定如下。

①轻度塌陷损毁区（Ⅰ）：本评价单元综合评定结果均为 1 等地，对原地类来讲，即遭受到轻度破坏，其有机质含量也较高，结合经济效益和生态系统稳定性，加强监测，均保持原地类。

②中度塌陷损毁区（Ⅱ）：本次评价单元评定宜林宜草为 1 等地，宜耕为 2 等地，针对原林地、园地、草地仍复垦为原地类。另考虑耕地对当地民生的重要性，以及在群众意见调查中民众大多要求恢复并保留耕地的诉求，并结合原地类为耕地的现实情况，中度损毁耕地最终复垦方向确定为耕地。

③重度塌陷损毁区（Ⅲ）：本次评价单元评定宜林为 2 等地，宜草宜耕为 3 等地，主要原因为遭受地面塌陷地裂缝影响后，地形破坏大、土壤肥力及有机质含量降低，

结合经济和公众意见，原林地、草地复垦为林地，园地复垦为园地，耕地复垦为耕地。

④交通运输用地（Ⅳ）：根据实际损毁情况对公路用地进行恢复治理，另对未在土地利用现状图中标明的现状农村道路，依据其重要程度进行修复。

⑤水域及水利设施用地（Ⅴ）：原为水库水面的保持其地类，加强监测，原内陆滩涂与塌陷程度一致。

⑥其他土地（Ⅵ）：原设施农用地复垦保持其原地类，裸地复垦为林地。

⑦城镇村及工矿用地（Ⅶ）：原城市用地加强监测，保持原地类，原村庄用地根据保护煤柱留设、搬迁情况，确定保留原地类或复垦为林地，原工矿用地加强监测保留为原地类。

⑧矸石场（Ⅷ）：根据已复垦经验，坡面复垦为草地，坡顶复垦为林地。

9. 复垦单元划分

依据适宜性等级评定结果，充分考虑当地自然条件、社会条件、公众参与、土地复垦类比分析和工程施工难易程度等情况，并结合评价单元所在地地形条件，塌陷土地优先复垦为耕地和林地，同时以监测和恢复原地类为主，最终对比数据见表7-11。

综上所述，西铭矿复垦责任范围共划分为9个复垦单元：①轻度塌陷区复垦单元；②中度耕地复垦单元；③中度塌陷区复垦单元；④重度耕地复垦单元；⑤重度塌陷区复垦单元；⑥农村道路复垦单元；⑦搬迁村庄复垦单元；⑧矸石场复垦单元；⑨其他土地单元。

表7-11 土地适宜性评价结果汇总表

评价单元	适宜类	复垦利用方向	复垦地类	复垦面积（hm²）		复垦单元
沉陷区	宜耕类	1等耕地	旱地	67.85	73.49	沉陷轻度损毁旱地
		2等耕地	旱地	5.64		沉陷中度、重度损毁旱地
	宜园类	1等园地	果园	21.77	22.23	沉陷轻度损毁果园
		2等园地	果园	0.46		沉陷中度损毁果园
	宜林类	1等林地	有林地	72.00	224.91	沉陷区中重度损毁有林地、其他林地、村庄
		2等林地	灌木林地	152.91		沉陷区裸地，中重度损毁灌木林地、其他草地
	农村道路	农村道路	农村道路	1.79	1.79	
	田坎	田坎	田坎	1.11	1.11	
	维持地类	维持原地类		2956.47	2956.47	沉陷轻度的其他土地

115

评价单元	适宜类	复垦利用方向	复垦地类	复垦面积（hm²）		复垦单元
压占区	宜林类	1 等林地	有林地	3.97	3.97	风井场地
		2 等林地	灌木林地	6.94	6.94	矸石场
合计				3290.91	3290.91	复垦责任范围

二、水土资源平衡分析

1. 水资源平衡分析

（1）水资源需求量分析

研究区地形以中低山地为主，东南部分布少量中低山丘陵，温河—桃河分水岭贯穿东西，现状农作物主要是旱作玉米地，依靠自然降雨维持收成。在正常降雨年份下，通过梯田拦蓄雨水，可以满足农作物的生长需要。同时由于地形原因和可供利用的含水层较深，发展灌溉有困难，继续维持旱作。

西铭矿工业广场及附近场地生活和生产用水主要由阳煤集团升华公司供水，水源为娘子关调用水，其余深山内工业场地生活及生产用水主要为当地沟谷水经澄清后使用，现状下满足生产生活用水需求。

综上所述，复垦用水项目主要是植树苗木管护用水，苗木管护期取 3 a，按当地经验每年灌溉约 4 次，每次用水约 5 L，则每株苗木管护用水量为：

$$3 \text{ a} \times 4 \text{ 次/a} \times 5 \text{ L/次} = 60 \text{ L/株}$$

方案服务期内共种植乔木和果树 822699 株，则年管护用水量为：

$$60 \text{ L/株} \times 822699 \text{ 株} \div 20 \text{ a} = 2468097 \text{ L/a} \approx 2468.1 \text{ m}^3/\text{a}$$

（2）水资源供给量分析

根据水资源需求分析，苗木管护每天需水量 6.8 m³，1~2 辆水罐车储水量，从矿井水处理站或市政管网均可满足需求。

2. 土资源平衡分析

本方案复垦责任范围覆土工程设计的主要设计对象为风井场地和矸石场，服务期内需土量 8.07 万 m³。

矿区范围内黄土松散覆盖层较薄，局部较厚地区为基本农田区，矿区无取土场，覆土来源均为外购，损耗率按 5% 计，外购土方量 8.47 万 m³（=8.07×1.05%）。

外购土源来自小西铭村，距矸石场距离约 5 km，复垦区内道路通畅，不涉及土资源平衡分析。

三、土地复垦标准

本方案在参照国土资源部颁布的《土地复垦质量控制标准》和《耕地后备资源调查与评价技术规程》等相关技术规范的基础上，结合矿区的实际情况及当地土地复垦经验，针对该研究工程土地损毁情况，提出了以下复垦标准，见表 7-12 ~ 表 7-14。

1. 旱地复垦标准

表 7-12 旱地复垦标准汇总表

复垦方向		指标类型	基本指标	控制标准
耕地	旱地	地形	地面坡度（°）	≤25
		土壤质量	有效土层厚度（cm）	≥80，土石山区≥30
			土壤容重（g/cm³）	≤1.45
			土壤质地	壤土至黏壤土
			砾石含量（%）	≤10
			pH 值	6.0~8.5
			有机质（%）	≥0.5
			电导率（dS/m）	≤2
		配套设施	排水	达到当地各行业工程建设标准要求
			道路	
			林网	
		生产力水平	产量（kg/hm²）	5 a 后达到周边地区同等土地利用类型水平

2. 果园复垦标准

表 7-13 果园复垦标准汇总表

复垦方向		指标类型	基本指标	控制标准
园地	果园	地形	地面坡度（°）	≤20
		土壤质量	有效土层厚度（cm）	≥30
			土壤容重（g/cm³）	≤1.5
			土壤质地	沙土至黏壤土
			砾石含量（%）	≤15
			pH 值	6.0~8.5
			有机质（%）	≥0.5
			电导率（dS/m）	≤2
		配套设施	灌溉	达到当地各行业工程建设标准要求
			排水	
			道路	
		生产力水平	产量（kg/hm²）	5 a 后达到周边地区同等土地利用类型水平

3. 林地复垦标准

表 7-14　林地复垦标准汇总表

复垦方向		指标类型	基本指标	控制标准
林地	有林地	土壤质量	有效土层厚度（cm）	≥30
			土壤容重（g/cm³）	≤1.5
			土壤质地	沙土至砂质黏土
			砾石含量（%）	≤25
			pH 值	6.0~8.5
			有机质（%）	≥0.5
		配套设施	道路	达到当地本行业工程建设标准要求
		生产力水平	定植密度（株/hm²）	满足《造林作业设计规程》（LY/T 1607—2003）要求
			郁闭度	≥0.30
	灌木林地	土壤质量	有效土层厚度（cm）	≥30
			土壤容重（g/cm³）	≤1.5
			土壤质地	沙土至砂质黏土
			砾石含量（%）	≤25
			pH 值	6.0~8.5
			有机质（%）	≥0.5
		配套设施	道路	达到当地本行业工程建设标准要求
		生产力水平	定植密度（株/hm²）	满足《造林作业设计规程》（LY/T 1607—2003）要求
			郁闭度	≥0.30

4. 其他草地复垦标准

①沉陷区维持原有地面坡度及土层厚度，重塑地形区域坡度 <45°。

②覆土区域有效土层厚度 >0.3 m。

③选择适合当地种植的乡土草种，3 a 后植被覆盖度 50% 以上。

5. 农村道路工程建设标准

田间道路面宽 4 m，泥结碎石压实路面，高出地面 20~45 cm。

生产道路面宽 2 m，路面为素土夯实，高出地面 10~30 cm。

本次方案设计的道路均在原有道路基础上进行建设，在田间道路一侧修筑排水沟断面形式为顶宽 0.6 m，深 0.3 m，下底宽 0.3 m，边坡比 1:0.5。生产道路不设排水沟。排水沟面积计入田间道路面积。

6. 植被的筛选

本着"因地制宜、适地适树适草"的原则，根据矿井自身特点和所处地区的气候特点，选择选定植物要具有下列特性：

①具有较强的适应能力。对于干旱、压实、病虫害等不良立地因子具有较强的忍耐能力；对粉尘污染、冻害、风害等不良大气因子具有一定的抵抗能力。

②有固氮能力，抗瘠薄能力很强。如豆科牧草，其根系具有固氮根瘤，可以缓解养分不足。

③根系发达，有较高的生长速度。根蘖性强，根系发达，能固持土壤，网络固沙性较好。

④播种栽培较容易，成活率高。种源丰富，育苗方法简易，若采用播种则要求种子发芽力强，繁殖量大，苗期抗逆性强，易成活。

复垦区适宜林木种类见表 7-15。

表 7-15　复垦区适宜林木种类

物种		特点
乔木	油松	根系发达，有助于吸收水分与养分，耐寒耐旱耐瘠薄，喜光，适于深厚肥沃湿润的土壤，暖温性常绿针叶树
灌木	紫穗槐	抗逆性很强、耐盐、耐旱、耐涝、耐寒、耐阴、抗沙压。根系发达，能充分利用土壤水分，在干旱的坡地上也能生长。有一定的耐涝能力，所以也可以在沟渠旁、坑洼和短期积水地种植
草本	紫花苜蓿	根系发达，适应性强，喜干燥、温暖、多晴少雨的气候，宜在干燥疏松、排水良好且富有钙质的土壤中生长。但高温和降雨多（超过 1000 mm）对其生长不利，持续燥热或积水会引起烂根死亡
	披碱草	绿化草坪，耐寒冷，耐干旱，成坪快

四、复垦工程设计与安排

1. 裂缝区工程措施设计

井工煤矿开采过程中，由于地表沉陷过程的延续性，由开采沉陷造成的地表裂缝既是地表形态的主要表现形式，也是影响农业生产的主要障碍因素。故土地复垦的首要任务是裂缝填充。裂缝填充采取随沉随填、及时复垦。

因矿山地质环境保护与治理恢复部分对裂缝充填已进行了工程设计与工程量计算，复垦部分不再对裂缝充填进行重复工程设计与工程量计算。

回填前先沿地裂缝剥离熟土，剥离宽度为裂缝两侧各 50 cm，剥离厚度为 30 cm，剥离土层就近堆放在裂缝两侧。轻微、中等裂缝可直接用土填充，严重裂缝区域需先填入混合岩土等大粒径物料，再填入 20 cm 厚隔水黏土层，最后回填压实剥离土方。

2. 耕地复垦工程设计

耕作层土壤和表层土壤是经过多年耕作和植物作用而形成的熟化土壤，是深层生土所不能替代的，对于植物种子的萌发和幼苗的生长有着重要作用。因此，在进行土地复垦时，要保护和利用好表层的熟化土壤（主要为 0～30 cm 的土层）。首先要把表层的熟化土壤尽可能地剥离后在合适的地方贮存并加以养护以保持其肥力，待复垦结束后，再平铺于土地表面，使其得到充分、有效的利用。此方法主要用于旱地改造工程和平缓地裂缝充填工程。

耕地复垦工程均位于采煤沉陷区，矿区不存在压占损毁耕地。西铭矿耕地占地面积小且比较集中，根据实际调查情况田间道占耕地比例非常小，覆盖层性质与耕地基本一致，本次不单独列出，其治理工程设计和工程量并入耕地复垦单元。

根据适宜性评价，沉陷区耕地绝大部分为基本农田，为更好地保护基本农田，对沉陷区所有旱地按照基本农田的复垦标准进行复垦设计。

根据现场调查、塌陷预测和实地走访，复垦区内梯田呈条弧形或不规则的多边形，呈台阶状梯田分布，台阶垂直高度一般 1.0～3.0 m，因此，土地复垦时无须进行大规模的坡改梯工程，但需对受损毁的梯田进行田面平整及田坎修筑。

根据复垦适宜性评价和耕地受沉陷损毁的实际情况，对轻度损毁区待自然闭合加强监测。中度和重度损毁的耕地附加坡度在 2°～8°，需进行工程设计治理，本方案涉及的主要复垦工程有土地平整、土地翻耕、田坎修筑和土壤培肥。

（1）平整工程设计

土地平整主要是针对沉陷区旱地进行，为消除开采塌陷产生的附加坡度，在地块设计的基础上，对于沉陷范围内的耕地进行土地平整。

为了更好地保护基本农田，土地平整时应注意避免对耕地土壤耕作层的大面积扰动，优先清除土壤表层妨碍机械作业、影响作物生长的岩石及坚硬土块，平整土地，消除开采沉陷区附加坡度，提高基本农田保护区耕地质量。

据《土地开发整理项目规划设计规范》，复垦区耕地为水平梯田，田面长边沿等高线布设，梯田形状为长条状或带状，长度 150～200 m，田面宽度 20～40 m，在基本上沿等高线的原则下，采取"大弯就势、小弯取直"的原则布设，梯田的纵向保留 1/300～1/500 的比降，以保持水土，本方案因涉及土地权属问题，梯田的长宽以现有梯田划分为主，复垦仅对塌陷引起土地的附加坡度进行平整，采用平地机平整土地。

土地平整是沉陷地复垦中一项比较常用的技术，通过对耕地进行土地平整不仅消除因开采沉陷产生的附加坡度，而且借此机会对研究区的耕地进行改善，提高生产力。根据塌陷地不同损毁程度产生倾斜变形的附加坡度平均值，平整土地的每公顷土方量 P（m³/hm²）可按下列经验公式计算：

$$P = \frac{10000}{2}\tan\Delta\alpha = 5000\tan\Delta\alpha$$

式中：$\Delta\alpha$——地表塌陷附加倾角，本方案中度区平均取 3°、重度区取 6°，计算得塌陷地平整土地每公顷挖（填）土方量见表 7-16。

表 7-16　塌陷区耕地单位面积平整土地挖（填）土方量计算表

损毁程度	塌陷附加倾角 $\Delta\alpha$（°）	平整土地挖（填）土方量 P（m³/hm²）
中度	3	262.04
重度	6	525.52

（2）土地翻耕设计

通过土地翻耕，可以将一定深度的紧实土层变为疏松细碎的耕层，从而增加孔隙度，以利于接纳和贮存雨水，促进土壤中潜在养分转化为有效养分和促使根系的伸展。可以将地表的作物残茬翻入土中，清洁耕层表面，从而提高耕作质量，翻埋的肥料则可调整养分的垂直分布；此外，将杂草种子、地下根茎、病菌孢子、害虫卵块等埋入深土层，抑制其生长繁育，也是翻耕的独特作用。

本次复垦中度塌陷耕地翻耕厚度 40 cm，重度塌陷耕地翻耕深度 50 cm，为更好地保护基本农田，保证基本农田质量不降低，本方案连续翻耕 3 a。

（3）田坎修筑设计

复垦区内梯田田坎因地制宜选用素土夯实的方法。田坎顶部修筑蓄水埂，蓄水埂顶宽 25 cm，埂高 20 cm，田坎坡度 4∶3，高度 2.5 m，见图 7-4。修筑蓄水埂所需的土方量应面向内侧挖方部位由里向外减厚取土，使整平的田面沉实形成沿等高线垂直方向略微内倾的梯田面。

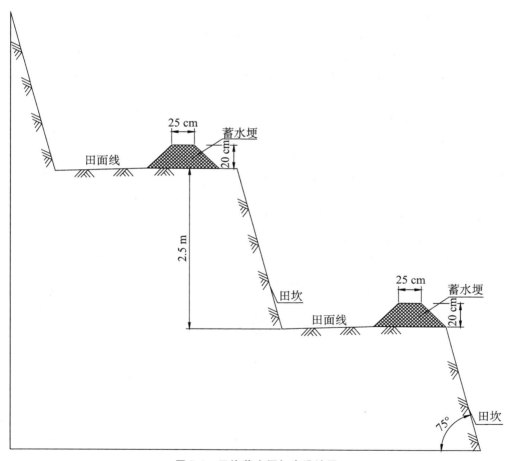

图 7-4　田坎蓄水埂初步设计图

（4）土壤培肥设计

复垦初期，平整翻耕后的土地土壤养分贫瘠，理化性状差，有机质含量少，土壤板结，可耕性差。需采取综合施肥措施，以增加土壤有机质含量，提高土壤生产力。本方案以施用有机肥料和无机化肥来提高土壤的有机物含量，改良土壤结构，消除土壤的不良理化特性。

据当地经验，有机肥的施用量中度塌陷耕地 300 kg/hm², 重度塌陷耕地 330 kg/hm² 左右，在有机肥施用的基础上，配合施用化肥，结合当地化肥施用的经验，在测定土壤基本性能的基础上，因地制宜施用化肥。氮肥按照中度塌陷区 375 kg/hm²、重度塌陷区 400 kg/hm²，磷肥按照中度塌陷区 450 kg/hm²、重度塌陷耕地 500 kg/hm² 进行施用。在施肥的基础上，对土壤进行深耕，调整种植结构，从而提高土壤肥力，增加土壤熟化程度。

培肥时最好种子和肥料分######，避免肥料和种子接触。为更好地保护基本农田，保证基本农田质量不降低，施肥时采用犁底施或撒施后耕翻入土，或起垄包施等方法。施肥深度一般6~10 cm，在无法深施的情况下，撒施要立即浇水随水施用。

为更好地保护基本农田，保证基本农田质量不降低，本方案连续施肥 3 a。

3. 林地复垦工程设计

（1）沉陷区原本林地区的复垦工程设计

林地复垦的主要目的是修复受损的林地，控制可能发生的水土流失。复垦措施主要有充填裂缝、补种树木和管护，最终保持林地地类属性。中度有林地和灌木林地损毁区按 10%、重度损毁区按 20% 进行补种，其他林地郁闭度较低，其他林地复垦为有林地补种率统一取50%（朱利东 等，2001）。

补种时需注意：春季为一般的造林的习惯时间，也可以充分利用夏季雨水多、栽种树木容易成活的特点，夏季或雨季栽种，雨季造林应尽量在雨季开始的前半期，保证新栽的幼苗在当年有两个月以上的生长期。乔木树苗要发育良好，根系完整，无病虫和机械损伤，起苗后应尽快栽植。苗木规格为 5 a 生，苗高 1 m，地径 0.05 m，按一般种树方法种植，挖穴直径 0.60 m，深 0.60 m，株行距 2.0 m×2.0 m，苗木直立穴中，保持根系舒展，分层覆土，然后将土踏实，浇透水，再覆一层虚土，以利保墒。每年人工穴内松土、除草一次，松土深5~10 cm。灌木选用紫穗槐，苗木规格为 3 a 生一级苗，苗高 0.5 m，地径约 0.03 m，挖穴直径 0.20 m，深 0.20 m，株行距 1 m×1.5 m，种植树种技术指标见表7-17。

表 7-17　林地补植树种技术指标表

土地利用类型	树种名称	种植方式	苗木种子规格树龄/种类	行×株距（m）	补植面积占比	单位面积植树量（株/hm²）
有林地	侧柏	植苗	5 a 生/一级苗	2×2	轻度按 10% 中度按 20% 重度按 30%	轻度：250 中度：500 重度：750
灌木林地	紫穗槐	植苗	3 a 生/一级苗	1×1	轻度按 10% 中度按 20% 重度按 30%	轻度：1000 中度：2000 重度：3000
其他林地	侧柏	植苗	5 a 生/一级苗	2×2	全部按 50%	1250

（2）其他草地及裸地的复垦工程设计

根据适宜性评价结果，其他草地和裸地均复垦为灌木林地。沉陷区其他草地和裸地有

40 cm 左右的覆盖土层，因此，无须覆土，可直接栽植灌木。

采用灌草混播模式，灌木选择紫穗槐，苗木规格为 3 a 生一级苗，苗高 0.5 m，地径约 0.03 m，株行距为 1.5 m×1.0 m，种植密度为 20000 株/hm²，整地方式与规格：圆形穴坑整地，采用 0.2 m×0.2 m×0.2 m 的圆穴。林下撒播草籽，草种选择紫花苜蓿和披碱草，1:1 混播与紫穗槐行距之间，种植密度各为 15 kg/hm²。灌木林地混播示意图见图 7-5。

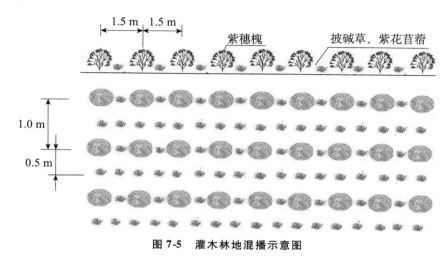

图 7-5　灌木林地混播示意图

为了促进草籽快速萌芽和提高苗期抗旱性，种子浸泡 24 h 处理晾干后播种，播种量要适宜，播种时间选择春夏季土壤墒情好时播种。复垦后草地在初期采用青饲刈割，严禁恢复过渡阶段放牧，草地完全恢复后，可采用分段轮牧的方式。本方案设计草种为披碱草/紫花苜蓿。补播技术指标参见表 7-18。

表 7-18　播草籽技术指标表

播种草种	种子处理	播种量（kg/hm²）	播种时期	播种方式
披碱草	清选去杂	15	雨季播种	1:1 撒播
紫花苜蓿	清选去杂	15	雨季播种	1:1 撒播

4. 压占区及村庄复垦工程设计

此区域根据适宜性评价，复垦为有林地，复垦工程措施主要为砌体拆除、垃圾清运、覆土、土地翻耕与乔草种植。砌体拆除和建筑物垃圾清运纳入"地形地貌景观及植被景观保护与恢复工程"章节，复垦中不重复统计。

覆土厚度 80 cm，覆土后翻耕厚度 30 cm，复垦为有林地采用乔草混播模式，乔木选择侧柏，苗木规格为 5 a 生，苗高 1 m，地径 0.05 m，株行距为 2 m×2 m，种植密度为 2500 株/hm²，整地方式与规格为圆形穴坑整地，采用 0.6 m×0.6 m×0.6 m 的圆穴；林下撒播草籽，草种选择紫花苜蓿和披碱草，1:1 混播与紫穗槐行距之间，混播种量分别为 15 kg/hm²。有林地混播示意图见图 7-6。

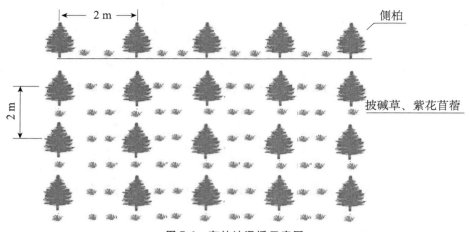

图 7-6　有林地混播示意图

5. 矸石场地复垦工程设计

矸石场复垦设计分为矸石平台和坡面两部分。

矸石场平台复垦为有林地，采用乔草混播模式，乔木选择油松，苗木规格为 5 a 生，苗高 1 m，地径 0.05 m，株行距为 2 m×2 m，种植密度为 2500 株/hm²，整地方式与规格为圆形穴坑整地，采用 0.6 m×0.6 m×0.6 m 的圆穴；林下撒播草籽，草种选择紫花苜蓿和披碱草，1∶1 混播与紫穗槐行距之间，混播种量分别为 15 kg/hm²。

矸石场边坡复垦为灌木林地，复垦面积为 0.34 hm²，采用灌草混播模式，灌木选择紫穗槐，苗木规格为 3 a 生一级苗，苗高 0.5 m，地径约 0.03 m，株行距为 1 m×1.5 m，种植密度为 6667 株/hm²，整地方式与规格：圆形穴坑整地，采用 0.2 m×0.2 m×0.2 m 的圆穴；林下撒播草籽，草种选择紫花苜蓿和披碱草，1∶1 混播与紫穗槐行距之间，种植密度各为 15 kg/hm²。

6. 园地复垦工程设计

沉陷区园地为果园，沉陷区的果树必然有部分歪斜或损坏，对损毁的园地采取的复垦措施主要有充填裂缝、补种树木和管护，本方案仍选择适宜当地生长的苹果树，苗木规格为 5 a 生，苗高 1.5 m，地径 0.05 m，设计密度为 1111 株/hm²，株行距为 3 m×3 m，整地方式采用穴状整地。在经过松土后的黄土层上开挖树坑，树坑大小根据所选树种的立地要求一般为 0.6 m×0.6 m，坑深不小于 0.6 m，坑口反向倾斜，以便蓄水保土。本方案园地沉陷损毁只有中度区，对于中度级破坏区按 20%，折算后需苗量为 222 株/hm²。

园地受塌陷区地裂缝影响，土壤肥力有所降低，在补植的基础上增加培肥措施，培肥周期为 3 a，每年两次，每次每棵 10 kg 有机肥。

根据影响区植被特性，选择一下植株配置模式，具体的配置模式见图 7-7。

7. 农村道路复垦工程设计

矿区内农村道路平均宽度 4 m，损毁道路均为泥硬化路面，由于采煤沉陷造成破坏，本方案对原有道路进行修复，不需新建。

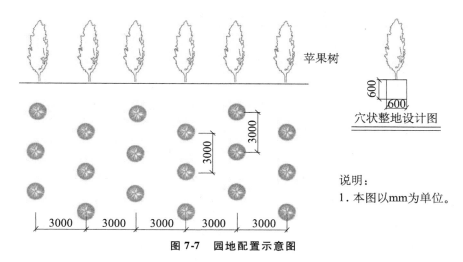

苹果树

穴状整地设计图

说明：
1. 本图以mm为单位。

图 7-7　园地配置示意图

农村道路在线路压实基础上，采用 200 mm 厚水泥硬化道路加固，原路面夯实处理，设单侧浆砌块石排水沟，沟顶宽 0.5 m，深 0.5 m，厚 5 cm 抹面砂浆，见图 7-8。

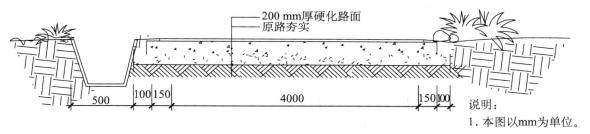

200 mm 厚硬化路面
原路夯实

说明：
1. 本图以mm为单位。

图 7-8　农村道路初步设计图

原有路边为天然道路，作为路基应达到以下措施要求：路基材料中，黏土的塑性指数一般大于 12，黏土中不得含腐殖质或其他杂物，黏土用量一般不超过碎石干重的 15%。路基土要求压实或夯实，路中间要比两边略高一些，以便在突遇大雨后可及时排干渍水。回填土干容重≥15 kN/m³，路基横坡同路面，施工中注意不允许路基积水。

水泥混凝土路面浇筑严格按照《公路水泥混凝土路面施工技术规范》执行。用于水泥混凝土的水泥，应采用强度高、收缩性小、耐磨性强、抗冻性好的道路水泥，符合国家和行业标准，标号不低于 32.5 级。混凝土细集料用沙、碎石，应坚硬、耐久、干净，保持一定的配合细度。

复垦区内交通运输主要保护对象为农村道路，采煤过程采取采前加固、及时修缮和采后修复措施给予防治。

农村道路两侧原本均有天然的树木或专门种植的行道树，本方案选择在道路临坡侧进行补植，树种选择侧柏，综合补植间距 6.0 m/株，按一般种树方法种植，挖穴 0.60 m × 0.60 m × 0.60 m，苗木直立穴中，保持根系舒展，分层覆土，然后将土踏实，浇透水，再覆一层虚土，以利保墒。

8. 工程量测算

根据上述复垦工程设计，各复垦单元分项工程量测算汇总见表 7-19。

表7-19 复垦分项工程量测算汇总表

复垦单元	分项工程	单位	第一阶段	第二阶段	第三阶段	第四阶段	第五阶段	小计
中度塌陷区耕地	土地平整	m^3	9.48	0.00	0.00	1176.90	59.92	1246.30
	土地翻耕	t	0.04	0.00	0.00	4.49	0.23	4.76
	田埂修筑	t	46.48	0.00	0.00	5768.77	293.72	6108.97
	土壤培肥——有机肥	t	0.49	0.00	0.00	60.63	3.09	64.21
	土壤培肥——氮肥	棵	0.61	0.00	0.00	75.79	3.86	80.26
	土壤培肥——磷肥	kg	0.73	0.00	0.00	90.95	4.63	96.31
中度塌陷区	其他草地种植灌木	棵	0.00	247941.60	0.00	0.00	0.00	247941.60
	播撒草籽	棵	0.00	12.40	0.00	0.00	0.00	12.40
	灌木林地补植灌木	棵	54872.64	2820.78	4648.67	11.72	15691.64	78045.45
	果树补植	棵	0.00	0.00	0.00	101.25	0.00	101.25
	其他林地补植	m^3	11715.70	1181.08	374.43	4806.66	0.00	18077.87
	有林地补植	hm^2	2411.29	403.55	5615.11	9137.11	5523.18	23090.24
重度塌陷区耕地	土地平整	m^3	0.00	0.00	37.60	174.65	251.24	463.49
	土地翻耕	t	0.00	0.00	0.07	0.33	0.48	0.88
	田埂修筑	t	0.00	0.00	137.84	640.30	921.09	1699.23
	土壤培肥——有机肥	t	0.00	0.00	1.06	4.94	7.10	13.10
	土壤培肥——氮肥	棵	0.00	0.00	1.29	5.98	8.61	15.88
	土壤培肥——磷肥	kg	0.00	0.00	1.61	7.48	10.76	19.85
重度塌陷区	其他草地种植灌木	棵	0.00	43176.37	0.00	0.00	0.00	43176.37
	播撒草籽	棵	0.00	2.16	0.00	0.00	0.00	2.16
	灌木林地补植灌木	棵	0.00	3104.95	4625.72	0.00	11176.15	18906.82
	果树补植	棵	0.00	0.00	0.00	0.00	0.00	0.00
	其他林地补植	棵	0.00	3386.34	2446.75	0.00	0.00	5833.09
	有林地补植	kg	0.00	1417.14	1309.46	152.26	169.31	3048.17
裸地	种植灌木	m^3	526276.46	61924.54	50911.96	310854.21	67189.03	1017156.20
	播撒草籽	hm^2	394.71	46.44	38.18	233.14	50.39	762.86
农村道路	路床压实	hm^2	4.61	1.06	1.48	1.44	3.10	11.69
	路面工程量	m^2	46070.54	10598.79	14831.07	14434.81	31002.16	116937.37
	路边沟开挖	m^3	5182.94	1192.36	1668.50	1623.92	3487.74	13155.46
	路边沟砌筑	m^3	2303.53	529.94	741.55	721.74	1550.11	5846.87
	行道树	棵	1919.61	441.62	617.96	601.45	1291.76	4872.40

续表

复垦单元	分项工程	单位	第一阶段	第二阶段	第三阶段	第四阶段	第五阶段	小计
砌体拆除	覆土压实	m³	25224.91	0.00	868.85	0.00	19868.29	45962.05
	林木补植	棵	2522.49	0.00	86.89	0.00	1986.83	4596.21
矸石场	土方压实	m³	0.00	0.00	0.00	0.00	34700.31	34700.31
	乔木种植	棵	0.00	0.00	0.00	0.00	3470.03	3470.03
监测	土地损毁监测	次	2240.00	2240.00	2240.00	2240.00	2240.00	11200.00
	土壤质量监测	次	128.00	128.00	128.00	128.00	128.00	640.00
	复垦效果监测	次	1920.00	1920.00	1920.00	1920.00	1920.00	9600.00
管护	幼林抚育	hm²/a	300.61	90.38	110.53	170.13	162.03	833.68

第五节　生态环境治理

一、排矸队厂区封闭

1. 工程内容

西铭矿多经公司排矸队厂区封闭工程位于太原市西铭矿矿区内，堆棚长为 144.728 m，宽为 84.738 m，煤棚封闭面积为 8223.02 m²，最大存矸量为 6 万 t。屋面防水等级为Ⅲ级。

2. 工程措施

①4.0 m 以下承重结构为钢筋混凝土柱，北侧、东侧为混凝土墙。

②4.0 m 以上为网架结构、压型钢板。

③本工程的墙板屋面板，采用彩色单层压型钢板，厚 0.6 mm。压型钢板经连续热浸镀铝锌处理，其镀铝锌量≥150 g/m²（双面 75/75），屈服强度≥250 MPa。

④采光板：1.5 mm 厚 FRP 采光板，燃烧性能≥B1 级；透光率≥92%；热变形温度≥94 ℃；弯曲强度≥135 MPa；拉伸强度≥75 MPa；冲剪强度≥92 MPa。

⑤本工程采用自然通风，屋顶设可开启通风器。

3. 投资估算

排矸队厂区封闭工程投资估算见表 7-20。

表 7-20　排矸队厂区封闭工程投资估算一览表

序号	项目名称	单位	数量	单价（万元）	合价（万元）
一	Ⅰ类费用				997
1	基础工程	m³	150	0.1	15
2	钢结构工程	m²	1900	0.5	950

续表

序号	项目名称	单位	数量	单价（万元）	合价（万元）
3	通风设施			10	10
4	电照设施			10	10
5	消防设施			12	12
二	Ⅱ类费用				69.79
1	勘查设计费用		Ⅰ类费用×3%		29.91
2	建设单位管理费		Ⅰ类费用×2%		19.94
3	工程监理费		Ⅰ类费用×2%		19.94
三	Ⅰ+Ⅱ类费用				1066.79
四	基本预备费		（Ⅰ+Ⅱ类费用）×5%		53.34
五	工程总投资				1120.13

二、下水平矿井水达标排放改造

1. 工程内容

下水平矿井水处理站处理能力为 5000 m^3/d，现处理工艺：缓冲池—调节池—管道加药—斜管旋流沉淀池—多介质过滤器，出水达到《煤炭工业污染物排放标准》后用于洗煤厂洗煤用水。2020 年完成扩容提标改造，扩容后处理能力为 9000 m^3/d，并增加陶瓷膜处理单元，出水水质达到《地表水环境质量标准》（GB 3838—2002）Ⅲ类标准。

2. 工程措施

矿井水 9000 m^3/d 污水通过原有管路系统去到污水处理站。原有的二级缓冲池集泥严重，需要清理污泥并拆除。进入新建污水处理站的污水首先经过新加装的机械格栅，以去除水中的丝线、毛发、木屑等容易堵塞膜管的絮状物，然后通过集水井提升泵的提升流入水处理站调节池中。调节池分为两部分，一部分为具有刮泥机功能的初沉池，初沉池的作用一方面是将矿井水中的大颗粒杂质进行预沉淀，同时曝气，氧化一部分的 COD；另一部分是用来调节供水平衡的调节池，使系统达到连续运行。预沉池底部污泥通过重力排入现有污水处理站污泥浓缩池内。

调节池的作用除了沉淀和蓄水外，还兼有"吸水池"的功用。调节池水通过曝气池及一级网格絮凝池进行反应，通过沉淀去除大部分的铁锰离子及氟离子再进入膜池。膜池共 3 座，3 座膜池配 4 台抽吸泵，三用一备，每座膜池的产水量是 150 t/h，将过滤后的产水输送到产水池中，产水池中部分产水亦作为反洗水，膜池的设计运行时间是每天 20 h，为保证产水水量要求，此项目的单个膜池的设计产水量为 150 m^3/h，最大产水量为 225 m^3/h。

膜池内定期曝气，使附着在陶瓷膜表面的污泥逐渐下沉池底堆积成污泥，设排泥口将污泥排入膜池排污池，然后再由泥浆泵定期抽送至新建储泥池。进入储泥池的污泥，经螺杆泵加压进入板框压滤机进行脱水，最终实现泥水分离和煤泥的有效回收。

膜池利用原有废水处理车间的部分厂房改造，最大程度利用原有厂房内的设施和空间。

在废水处理站内设置 2 套压滤机，单台压滤机有效过滤面积 100 m²，采用全自动板框式压滤机，配电动泥斗，可就地或远程实现全自动无人值守运行。

污泥浓缩池的澄清水通过溢流管道回流进入预沉调节池中进行循环净化处理，压滤间的脱泥水也通过收集管道自流进入预沉调节池中循环净化处理。

为了保证曝气陶瓷膜净化设备长期、稳定地运行，在曝气陶瓷膜系统中设置了清洗系统。清洗系统又分为在线机械清洗装置和在线化学清洗装置两部分。

在线机械清洗装置设定有自动反冲时间，在线自动运行。在线化学清洗系统根据膜污染的情况定期在线自动清洗。通过在线机械清洗和化学清洗，保证了净化系统的长期稳定运行。

三、厂区雨污分流

1. 工程内容

目前矿井水和雨水汇集后全部汇入排洪涵洞，一起进入污水站处理。雨季来临，大量雨水进入污水处理站，对污水处理站造成很大的压力，为有效避免突发环境事件发生，西铭矿计划将矿区的矿井水和雨水进行分离，矿井水通过专用管道输送至污水处理站，涵洞的雨水进入新建雨水收集池。

2. 工程措施

（1）厂区的雨水经收集后进入现有排水涵洞，排水涵洞截面积为 1.5 m × 1.5 m，长度为 300 m，排水涵洞的出水进入新建雨水收集池。

（2）新建雨水收集池。

根据《室外排水设计规范》（GB 50014—2006）、《建筑与小区雨水控制及利用工程技术规范》（GB 50400—2016），通过厂区汇水面积计算，确定新建 500 m³ 的初期雨水收集池。

①《建筑与小区雨水控制及利用工程技术规范》（GB 50400—2016）计算方法：

$$W = 10 \cdot \psi \cdot h \cdot F = 405 \text{ m}^3$$

式中：W——需控制的雨水径流总量（m³）；

　　　　10——转换系数；

　　　　ψ——雨量径流系数，取 0.9；

　　　　h——初期径流弃流厚度，取平均 10 mm；

　　　　F——汇水面积，经测量厂区汇水面积为 4.5 hm²。

②《室外排水设计规范》（GB 50014—2006）计算方法：

$$Q = Q_s \cdot t \qquad Q_s = \psi_m \cdot q \cdot F$$

式中：Q——初期需要收集雨水量（m³）；

　　　　Q_s——雨水设计流量（L/s）；

　　　　t——15 min；

　　　　ψ_m——综合径流系数，取 0.5；

　　　　q——太原市暴雨强度公式（L/s·hm²）（T 为雨水设计重现期取 1 a，t 为降雨历时取 15 min）；

　　　　F——汇水面积，经测量厂区汇水面积为 4.5 hm²。

根据计算方法,最终确定雨水收集池容积为 500 m³。

③增设矿井水专用管路,在筒仓下铺设 ⌀800 mm 的涵管,长度 200 m,排水涵管的出水进入矿井水处理。

3. 投资估算

厂区雨污分流工程投资估算见表 7-21。

表 7-21 厂区雨污分流工程投资估算一览表

序号	项目名称	单位	数量	单价 (万元)	合价 (万元)
一	Ⅰ类费用				82.8
1	⌀800 mm 排水涵管	m	200	0.1	20
2	雨水收集池	m³	500	0.08	40
3	土建施工费			22.8	22.8
二	Ⅱ类费用				5.8
1	勘查设计费用		Ⅰ类费用×3%		2.48
2	建设单位管理费		Ⅰ类费用×2%		1.66
3	工程监理费		Ⅰ类费用×2%		1.66
三	Ⅰ+Ⅱ类费用				88.6
四	基本预备费		(Ⅰ+Ⅱ类费用)×5%		4.43
五	工程总投资				93.03

四、新建排矸道路

1. 工程内容

原有运矸道路仅到小西铭矸石场,在原有运矸道路的基础上进行延伸,至二南沟矸石场。

2. 工程措施

矸石场道路长度为 300 m,路宽 6 m,道路结构采用混凝土路面,厚度 0.3 m,水稳层厚度为 0.3 m,碎石层厚度 0.2 m,底部素土夯实;道路一侧布设钢筋混凝土排水沟,排水沟长度 300 m,设计为 1.0 m×0.8 m 矩形断面,壁厚为 0.25 m。

3. 投资估算

排矸道路投资估算见表 7-22。

表 7-22 排矸道路投资估算一览表

序号	项目名称	单位	数量	单价 (万元)	合价 (万元)
一	Ⅰ类费用				81.42
1	素土夯实	m²	2500	0.003	7.5

续表

序号	项目名称	单位	数量	单价（万元）	合价（万元）
2	碎石层	m³	360	0.025	9
3	水稳层	m³	540	0.03	16.2
4	混凝土面层	m³	540	0.038	20.52
5	排水沟	m	600	0.047	28.2
二	Ⅱ类费用				5.70
1	勘查设计费用		Ⅰ类费用×3%		2.44
2	建设单位管理费		Ⅰ类费用×2%		1.63
3	工程监理费		Ⅰ类费用×2%		1.63
三	Ⅰ+Ⅱ类费用				87.12
四	基本预备费		（Ⅰ+Ⅱ类费用）×5%		4.356
五	工程总投资				91.476

第六节　生态系统修复

生态系统修复工程：小西铭二南沟矸石场防自燃工程。

1. 工程内容

对小西铭矸石场的二南沟矸石堆场进行生态恢复综合治理设计，分为工程设计和经济林设计两大部分，内容包括矸石堆场内的防自燃、山体整地、拦挡工程、排水导流、道路工程、覆土工程、生态修复工程、灌溉养护工程等。

因土地复垦章节已列入山体整地、拦挡工程、排水导流、道路工程、覆土工程、生态修复工程、灌溉养护等工程，本节只对防自燃措施进行描述，其他工程不再进行赘述。

2. 工程措施

二南沟矸石堆体防自燃措施设计时应主要有以下关键点：

①施工时尽可能减少对深层"老矸石"的扰动，同时浅层"新矸石"防自燃措施彻底。

②根据现状，在坡脚结合处、低温异常区平台区域等位置针对性布设长短不一的沟槽进行注浆，并组合应用抑氧防火技术。

③点状、面状中高温区采取挖掘混填等技术，根据勘测的高温区深度，平均挖除深度设计为5.5 m，挖掘顺序由低温区向高温区开挖。

④高温区边界四周采用开沟注浆及钻孔注浆集成技术，旨在构建一道屏障，防止高温区蔓延。

⑤对治理后的区域进行碾压覆盖，进一步隔断氧气进入矸石堆体的通道。

⑥为防止矸石复燃，治理过程中，尤其是山体整形环节需组合应用抑氧防火技术和隔氧防火技术。山体整形环节若发现隐蔽火源，运用挖掘混填技术进行处理。

3. 投资估算

小西铭二南沟矸石场防自燃措施投资估算见表7-23。

表7-23　小西铭二南沟矸石场防自燃措施投资估算一览表

序号	项目名称	单位	数量	单价（万元）	合价（万元）
一	Ⅰ类费用				265.05
1	抑氧防火	m²	17700	0.0050	88.5
2	隔氧防火	m²	4000	0.0016	6.4
3	钻孔注浆技术	个	60	0.4358	26.15
4	挖掘混填技术	m²	2400	0.045	108
5	开沟注浆技术	m²	1200	0.03	36
二	Ⅱ类费用				18.55
1	勘查设计费用		Ⅰ类费用×3%		7.95
2	建设单位管理费		Ⅰ类费用×2%		5.30
3	工程监理费		Ⅰ类费用×2%		5.30
三	Ⅰ+Ⅱ类费用				283.6
四	基本预备费		（Ⅰ+Ⅱ类费用）×5%		14.18
五	工程总投资				297.78

第八章

保障措施与效益分析

第一节　保障措施

一、组织保障

西铭矿矿山环境治理与土地复垦工程是自筹资金工程，矿方应建立有力的组织领导体系，成立专门的矿山环境与土地复垦领导小组。

1. 管理保障措施

为保证方案顺利实施、损毁土地得到有效控制、研究区及周边生态环境良性发展，确保方案提出的各项措施的实施和落实，方案采取义务人自行治理复垦的方式，成立项目领导小组，负责工程建设中的工程管理和实施工作，按照实施方案的工程措施、进度安排、技术标准等，严格要求施工单位，保质保量地完成各项措施，且应执行以下职责：

①贯彻执行国家和地方政府、国土部门有关的方针政策，指定西铭矿工作管理规章制度。

②加强有关法律、法规及条例的学习和宣传力度，组织有关工作人员进行环保、知识的技术培训，做到人人自觉树立起矿山复垦意识，人人参与的行动中来。

③协调与矿山生产的关系，确保资金按计划计提、预存，保证工程正常施工。

④定期深入工程现场进行检查，掌握土地损毁情况及措施落实情况。

⑤定期向主管领导汇报复垦工程进度，每年向地方国土资源主管部门报告土地损毁及复垦情况，配合地方国土部门对工作的监督检查。

⑥同企业公共关系科协作，负责复垦区当地村民的动员及相关问题的处理。

⑦严格按照建设工程招投标制度选择和确定施工队伍，并对施工队伍的资质、人员的素质乃至项目经理、工程师的经历、能力进行必要的严格的考核，同时，督促施工单位加强规章制度建设和业务学习培训，防止质量事故、安全事故的发生。

⑧在矿山生产和施工过程中，定期或不定期地对在建或已建的工程进行检测，随时掌握其施工、绿化成活及生长情况，并进行日常维护养护，建立、健全各项的档案、资料，主动积累、分析及整编复垦资料，为工程的验收提供相关资料。

2. 政策保障措施

当地政府应充分应用相关方面的法律法规制定有利于矿山地质环境保护与土地复垦方面的优惠政策，鼓励和调动矿山企业各方面的积极性，做好宣传发动工作。按照"谁开发、谁保护、谁破坏、谁治理"和"谁损毁、谁复垦"的原则，进行项目区工作。对不履行复垦义务的，按照国家相关法律法规给以经济措施处理。

另外，鉴于土地复垦工作的长期性和综合性，且需要"边开采、边治理、边复垦"，矿区可选派专业的人员对土地复垦的施工进度和及时性进行监督，与行政主管部门积极配合，如果发现复垦措施不当或开采计划改变，及时调整复垦方案，并上报相关部门批准。

二、经费保障

1. 资金来源

西铭矿属生产矿井，矿山环境治理与土地复垦费用来源于矿产资源生产成本，实际操作中可以按吨煤提取土地复垦专项资金。

2. 计取方式

根据《土地复垦条例实施办法》的规定，采取分年度预存的方式计提土地复垦资金，第一次预存及提取的数额不得低于复垦费用总额（静态投资）的20%，余额根据开采计划逐年计提，为确保土地复垦资金的及时到位，至少在生产结束前一年预存完毕所需资金，并将存款凭证复印件交至当地自然资源主管部门备案。

三、技术保障

1. 技术指导

在本方案实施阶段，对各种技术措施进行专项技术施工设计，邀请相关专家担任技术顾问，设计人员进入现场进行指导。设立项目技术指导小组，具体负责矿山地质环境保护与土地复垦工程的技术指导、监督和检查，并对项目实行目标管理，确保规划设计目标的实现，使工程和措施严格受控于质量保证体系。

2. 技术监督

在本方案工程设计及实施阶段，应建立技术监督制，重点监督义务人实施地灾治理、植树绿化和定期监测。

（1）监督人员

通过认真筛选，选拔具有较高理论和专业技术水平，具有相应的工程设计、施工能力，具有较强责任感和职业道德感的监督人员进行监督工作。同时邀请部分公众参与监督。

（2）监督协调人员

为保证施工进度和施工质量，矿区建设管理部门和地方土地行政部门各出1~2名技术人员负责土地工程施工现场的监理协调及技术监督工作，同时协助当地行政主管部门进行监督检查和验收工作，以确保工程按期保质保量完成。

3. 完善管理规章制度

为保证方案的实施，应建立健全技术档案与管理制度，实现治理复垦工作的科学性和系统性。档案建立与管理制度保持项目资料的全面性、系统性、科学性、时间性、齐全性和资料的准确性。各年度或工程每个阶段结束后，将所有资料及时归档，不能任其堆放和失落。设置专人，进行专人专管制度和资料借阅的登记制度，以便资料的查找和使用。

矿山地质环境保护与土地复垦管理应与地方管理相结合、互通信息、互相衔接，保证设施质量，提高经济、社会和环境效益。做到工程有设计、质量有保证、竣工有验收、实施有监理、有定期监测的防治体制。

四、监管保障

1．监测保障

因土地复垦工作具有长期性、复杂性、综合性的特点，应定期派人对种植灌木和补种草种的成活率进行监测，及时地对土壤进行培肥，以保证土质的提高。尤其是加强对坡地草种生长状况的监测，对未成活的树草随时进行补种。另外，应与当地水行政主管部门加强联系，随时了解地下水位的变动情况，确保林地尤其在生长期有水可灌，从而使复垦工作能真正落到实处。土地复垦过程中的监测主要有以下几方面：

（1）复垦前监测

包括对已损毁土地的面积、类型的监测；对拟损毁土地面积、类型的动态监测。及时制定或修正年度土地复垦计划或修正土地复垦资金预算。

（2）复垦过程监测

复垦过程监测主要通过对复垦效果的监测，评价复垦措施，必要情况下对复垦措施进行修正。具体监测内容包括对工程措施与生物措施效果的监测。

（3）复垦效果

复垦效果的监测应结合土地复垦报告的复垦目标，对复垦土地的面积和复垦率进行监测，对复垦后的生态效益、社会效益和经济效益进行调查。

2．管理保障

为加强对土地复垦的管理，严格执行《土地复垦方案》。按照方案确定的阶段逐地块落实。

第二节　效益分析

一、经济效益

复垦和地质治理工程对企业的经济效益是明显的，如地表塌陷不进行复垦，而采用征地办法处理，这不仅使耕地减少，而且地表塌陷引起地表各种变形，使土地减产或绝产，严重影响农业生产。

由前述可知，方案复垦旱地 73.49 hm^2，果园 22.22 hm^2，林地 2918.14 hm^2。土地复垦后，直接经济效益按照旱地每年 1.2 万元/hm^2、果园每年 1.5 万元/hm^2、林地每年 0.6 万元/hm^2 计算，则每年的直接经济效益计算见表 8-1。

表 8-1　复垦区年直接经济效益表

类型	面积（hm²）	单位面积收益（万元/hm²）	静态年收益（万元）
旱地	73.49	1.2	88.19
果园	22.22	1.5	33.33
林地	2918.14	0.6	1750.88
合计	—	—	1872.40

二、生态效益

方案实施后的环境效益是显而易见的，如果不进行矿山环境治理与土地复垦，沉陷区的地面将因裂缝、滑坡而支离破碎，水土流失将更加严重，土地将进一步干旱贫瘠而导致沙化，加上排弃固废的压占和污染，研究区生态环境将遭受严重的损毁，所以煤矿沉陷区土地在统一规划下进行复垦，实质上也是矿区环境综合治理工程最重要的组成部分。地表地质体和土地是一个自然、经济和社会的综合体，同时也是一个巨大的生态系统。地质环境治理与土地复垦和生态重建对创造本研究区良好的生态环境具有重要的意义。

（1）对生物多样性的影响

项目实施后较以前植被覆盖率有明显的提高，将有效遏制项目区及周边环境的恶化，在合理管护基础上最终实现生态系统的多样性和稳定性，吸引周边动物群落的回迁，增加群落的多样性，达到生物群落的动态平衡。

（2）对空气质量的影响

方案实施后，地面植被覆盖度显著增加，绿色植物的光合作用，释放氧气，净化空气，同时，植物根系的固土作用可有效防止风沙，减少沙尘天气，对当地的空气质量会产生明显的改善。

（3）对区域小气候的影响

方案实施后，可有效控制水土流失；在原有草地基础上整地栽植乔、灌木，增加地面植被覆盖率，产生明显的保水保土效益，在一定程度上改善区域的生态环境，调节了区域小气候。

（4）对土地的影响

方案实施后，通过填充裂缝、平整土地、深翻、施肥，改善了土壤物化性质，改善了土圈的生态环境，肥力增加，土壤的保水性及墒情均会得到明显提高。

三、社会效益

方案实施后，可减少矿区开采工程带来的新增水土流失，减少矿山地质灾害，减轻开采所造成的损失与危害。

矿区治理复垦能减轻生态环境破坏，有效控制项目建设和生产产生的不利环境影响，为工程建设区绿化创造良好生态环境，有利于职工及附近居民的身心健康，体现"以人为本"的理念，促进人与自然和谐发展。

通过治理复垦，治理恢复被破坏的耕地，其管理、种植需要工作人员，能为矿区群众提供更多的就业机会，增加矿区群众的收入，对维护社会安定将起到积极作用。

综上可见，矿山地质环境保护与土地复垦是关系民生的大事，不仅对工业和农业生产有重要意义，且对社会安定团结和稳定发展也有重要意义，为研究区所在地的农民提供了耕地保障；农民仍生活在熟悉的社会环境中，且在当地政府引导下，能在最短时间内恢复、提高生产水平，具有显著的社会、生态和经济效益。

第三节　公众参与

一、公众参与的目的

公众参与是一种有计划的行动，它通过政府部门和开发行动负责单位与公众之间双向交流，使公民们能参加决策过程并且防止和化解公民、政府与开发单位之间、公民与公民之间的冲突。

土地复垦中的公众参与是土地复垦实施单位、研究区建设单位和报告编制单位通过某种方式与当地的土地管理部门、财政部门、矿区周边区域公众等进行的一种双向交流，其目的是搜集各个部门及各类公众对土地复垦工作的方案编制期、方案实施期、工程竣工验收期等各个环节的意见和建议，使土地复垦工作更为完善，将公众的具体要求反馈到工程设计和项目管理中，为土地复垦实施和土地主管部门决策提供参考意见，明确土地复垦的可行性。土地复垦中的公众参与特点主要体现在其全面性和全程性上。

二、公众参与的阶段

土地复垦工作是一项涉及区域社会、经济、环境等多方面发展的重要工程，包括复垦方案编制前的公众参与、方案编制过程以及根据工程施工过程中的公众参与。复垦方案编制的公众参与包括3个阶段：①土地复垦方案编制前，即资料收集、现状调查阶段；②土地复垦方案编制中，包括初步复垦措施可行、损毁土地预测、复垦目标、资金估（概）算阶段；③方案实施期间调查方案对当地现状的适应性。因此，土地复垦方案公众参与中各级专家、管理部门的意见以及目前矿界范围内居民态度对于复垦工作的开展具有重要的影响意义，通过公众参与，能够使土地复垦方案的规划和设计更完善、更合理、更可行，从而有利于最大限度发挥土地复垦工作综合的和长远的效益。

三、公众参与的形式

土地复垦方案公众参与的形式主要为问卷调查。问卷调查的主要对象包括政府有关部门、社会团体以及当地居民，参与方式以发放统一调查表为主，最后对调查结果统计、分析和处理。由于本研究区内土地绝大多数为集体所有，为进一步确定该方案实施与管理的可操作性，针对不同的土地权益人，对该研究区采用问卷调查和公告的形式，并咨询了当地国土资源局、环保局等部门。

本复垦方案编制中公众参与调查问卷的时间：2018 年 4 月 10—20 日，总计发放调查问卷 45 份，收回 45 份，收回率 100%。调查统计结果见表 8-2 和表 8-3。

表 8-2 公众参与人员调查统计结果

对象分类	类别	样本数	占有效样本比例（%）
调查对象	土地使用人（村民）	30	67
	西铭矿及西山地质处人员	15	33
性别	男	38	84
	女	7	16
年龄	18～30 岁	12	27
	31～50 岁	11	24
	50 岁以上	22	49
文化程度	初中及初中以下	10	22
	高中或中专	28	62
	大专或本科	7	16

表 8-3 公众参与调查统计结果

内容		数量	比例（%）
您对本项目的了解程度	很了解	7	16
	一般了解	23	51
	不了解	15	33
您认为矿山开采对当地环境和农作物是否有影响	严重影响	33	73
	有影响，但不严重	12	27
	基本没有影响	0	0
您认为本方案中确定的复垦方向和复垦目标是否合理	合理	30	67
	基本合理	15	33
	不合理	0	0
您认为本复垦方案对损毁土地的预测是否准确	很准确	5	11
	基本准确	40	89
	不准确	0	0
生产建设造成的挖损和压占土地，您认为采取什么补偿措施比较合理	矿方进行土地复垦	31	69
	经济补偿	2	4
	矿方补偿，公众自己复垦	12	27

内容		数量	比例（%）
您认为土地复垦方案专项资金应该怎样管理	矿方管理，自行复垦	30	67
	当地国土部门成立专项资金管理部门公开招标	11	24
	矿方补偿，公众自己复垦	4	9
您是否愿意参与土地复垦的监督工作	愿意	41	91
	不愿意	0	0
	无所谓	4	9

民众大多认为西铭矿的建设将促进当地经济的发展，但同时对当地生态环境将造成一定影响，希望对环境采取相应的改善措施，主要有以下几点建议：

①尽快进行复垦，为老百姓提供良好的生活来源，营造好的生存环境。

②进行植被恢复时选择当地物种等，尽快地修补形成的地裂缝。

③认为该项目的实施对当地经济和生态环境能起到积极作用，在条件许可的前提下，尽可能复垦为耕地。

④建议矿方在煤矿投产后招聘从业人员时，应优先考虑当地受影响人员，促进地方剩余劳动力就业。

⑤对于征用的土地，复垦结束后将及时归还土地权利人。对于征收的土地，希望复垦后归还原土地权利人或租给当地农民耕种。

根据公众参与调查结果，该地区农民主要关心的问题：土地复垦问题、占用损毁耕地补偿问题、恢复治理问题等。为此本复垦方案报告书提出，对损毁的土地按时、按质、按量复垦，改善土壤状况，提高土地利用水平，尽快恢复当地的生态环境和土地生产能力。对研究区所占耕地要按国家规定进行复垦并对受损农民及时给予补偿。成立专门的管理机构，做到专款专用，将土地补偿费用直接交到农民手中。本复垦方案本着公平、科学、合理的原则，最大限度地将复垦责任范围的土地复垦为耕地。

参考文献

樊艳平, 薛艳军, 2021. 西铭矿区土地资源现状调查分析 [J]. 农家参谋, (24): 113-115.

胡明安, 徐伯骏, 2005. 世界矿产资源概论 (试用教材) [Z]. 武汉: 中国地质大学.

黄铭洪, 骆永明, 2003. 矿区土地修复与生态恢复 [J]. 土壤学报, 40 (2): 161-169.

李秋元, 郑敏, 王永生, 2002. 我国矿产资源开发对环境的影响 [J]. 中国矿业, 2: 47-51.

李树志, 1998. 矿区生态破坏防治技术 [M]. 北京: 煤炭工业出版社.

沈渭寿, 曹学章, 金燕, 2004. 矿区生态破坏与生态重建 [M]. 北京: 中国环境科学出版社.

王敬国, 张玉龙, 陈英旭, 等, 2011. 资源与环境概论 [M]. 北京: 中国农业大学出版社.

邢立亭, 徐征和, 王青, 2008. 矿产资源开发利用与规划 [M]. 北京: 冶金工业出版社.

闫军印, 丁超, 2008. 我国矿产资源开发利用的环境影响分析及对策研究 [J]. 石家庄经济学院学报, 31 (5): 28-35.

姚延梼, 杨秀清, 王林, 等, 2016. 林学概论 [M]. 北京: 中国农业科学技术出版社.

张国良, 1997. 矿区环境与土地复垦 [M]. 徐州: 中国矿业大学出版社.

周进生, 石森, 2004. 矿区生态恢复理论综述 [J]. 中国矿业, 13 (3): 10-12.

朱利东, 林丽, 付修根, 庞艳春, 熊永柱, 2001. 矿区生态重建 [J], 成都理工学院学报, 28 (3): 310-314.